大特写

千年纸乡

赵志强　著

四川民族出版社

图书在版编目（CIP）数据

大特写：千年纸乡 / 赵志强著. -- 成都：四川民族出版社，2019.3（2021.9 重印）

ISBN 978-7-5409-8195-2

Ⅰ.①大… Ⅱ.①赵… Ⅲ.①手工—造纸—概况—夹江县 Ⅳ.①TS756

中国版本图书馆CIP数据核字（2019）第043525号

大特写：千年纸乡

赵志强 著

出版人 泽仁扎西
特约编辑 唐瑾怀
责任编辑 胡 庆 唐 齐
封面设计 游昌学
版式设计 李 娟
责任印制 刘 敏
出版发行 四川民族出版社
地 址 四川省成都市青羊区敬业路108号
邮政编码 610091
成品尺寸 165mm×235mm
印 张 15.25
字 数 305千
制 作 四川胜翔数码印务设计有限公司
印 刷 永清县晔盛亚胶印有限公司
版 次 2019年3月第1版
印 次 2021年9月第2次印刷
书 号 ISBN 978-7-5409-8195-2
定 价 50.00元

宜将寸心报春晖

夹江，我魂牵梦萦的故乡！

我的生命从那里开始，我成长的足迹从那里迈出。

是夹江的水，夹江的粮，夹江亲人的爱，养育了我。在那里，我留下了童年的天真、少年的纯真、青年的激扬；在那里，我得到了心智的启迪、良知的熏陶、操守的培育；在那里，我找到了人生的目标、前行的动力、无限的期望……

岁月匆匆，流年似水，弹指间，我已年逾古稀。然而，深厚的家乡情结，像陈年老醋，愈醇愈香；像窖藏老酒，愈浓愈烈。无邪的童年梦幻，让我感怀，让我眷恋，让我回首，让我追寻。

儿时，我在清澈见底的青衣江中游过泳，在翠绿尽染的茶坊山上放过牛，在蛙声一片的水稻田里摸过鱼。我至今难忘在文庙小学读书时唱过的一首名为《夹江是个好地方》的歌曲。是哪位老师谱写的我不知道，但“夹江是个好地方，青山绿水好风光，麦苗连成一片片，一年四季百花香……”的歌词却记忆犹新，响彻心田。

如果说家乡的山美，水美，景色秀美，让我心旷神怡，回味不尽的话，那么，家乡璀璨的纸业史，厚重的纸文化，“千年纸乡”“中国书画纸之乡”的载誉，更让我无比骄傲，由衷自豪，倍感振奋，感怀不已。

“人间自有真情在，宜将寸心报春晖。”

我爱家乡。爱家乡的山山水水，爱家乡的一草一木，爱家乡的人文风貌，爱家乡的厚重历史，爱家乡的璀璨文化……由于我参加工作后，无论是在部队，在工厂，还是在县、市党政机关，基本是服务在宣传思想战线上，对家乡深切热爱的情怀，一经与宣传职业本能在心灵深处磨合、碰撞，时时迸发出讴歌家乡、宣传家乡的思想火花，萌动起书写家乡、回报家乡的创作激情。

我宣传的目标，写作的主题，自然首选在让我骄傲，让我自豪，让我感念不已的传承千年的夹江手工造纸上。

在收集、整理有关夹江手工造纸的资料时，我才发现，我县的不少老领导，我的不少老师，我的一些朋友，对夹江纸业已有很多深入的研究和探讨，出了大量的成果。诸如原夹江县县长廖泰灵，原夹江县副县长王树功，原夹江县政协主席宋秀莲，以及我敬重的张致忠、宋兴国、张一平、周杰华、江文远、周奎锋等。他们注重历史，深挖史料，研究细微，研究成果如一颗颗玛瑙，似一粒粒珍珠，极具价值。

我还能做些什么呢?

思来想去，我只能当一名精加工匠人，用自己的心力、心智、心血，借助文学艺术的手法，将手中珍贵的玛瑙、珍珠，细心打磨，亮丽光泽；精心雕琢，凸显本色；再用博大、深邃的中华文明金丝银线把它们编串起来，使其成为较为系统的有建树、有质地、有品位的艺术作品，虔诚地奉献给生我养我的故乡，奉献给故乡的父老乡亲、亲朋好友，奉献给所有关心、关注、关怀夹江手工造纸传承与发展的读者朋友们。

千年纸乡夹江，灿烂辉煌；千年纸乡夹江，璀璨夺目；千年纸乡夹江值得大书特书；千年纸乡夹江值得大写特写。抓住千年传承中富有典型意义的某个历史空间和时间，以文学艺术的特写手法，生动形象地描绘、弘扬家乡厚重的纸文化。这就是《大特写：千年纸乡》立意所在，主题所在，书名所在。这也是我力求在文学价值、史学价值、可读价值上有所突破的期冀所在。

期冀再多，期冀再好，期冀再美，都只能是个人的主观意愿。家乡的亲朋，广大的读者，才是客观效果的鉴赏大师，才是评判优劣的最佳裁判。

我愿洗耳恭听大家评说，我更诚心静候各位赐教。

赵志强

2018年8月于乐山

目录

夹江之美，美不胜收。平畴沃野，水陆要冲；两山对峙，一水中流；青衣绝佳处，江山锦绣图……夹江依存自身独特而美丽的自然形胜、山川厚土，夏为梁州，汉为巴蜀，隋开皇十三年（593年）建县。夹江人一代一代，繁衍生息，积淀了厚重历史。

夹江之美，美入骨髓。历史悠久，源远流长；名胜棋布，博大精深；人文荟萃，积厚流广……夹江人秉承着积淀了千百年的人文滋润，改造环境，淳朴民风，精炼气质，丰富民间文化。“蜀之良邑”“汉嘉首邑”、中国书画纸之乡、全国武术之乡、全国首家秧歌之乡、四川唯一世界灌溉工程遗产地……一个一个，不计其数，彰显着辉煌文明。

灿烂纸业史，璀璨纸文化，实属夹江内在之美，精华之美，骨髓之美。

夹江手工造纸，薪火相传，延绵千年，享誉华夏，驰名中外。至今，仍然完整地保留着东汉蔡伦的造纸技艺，在中华民族古老造纸技艺的传承和发展上做出了重大贡献，为人类社会留下了极其宝贵的非物质文化遗产，在源远流长的中华文明发展史上写下了不朽的光辉篇章。

夹江手工造纸，源于汉，始于唐，继于宋，兴于明，盛于清，抗日战争时期达到顶峰，中华人民共和国成立后砥砺奋进，这是时代的脉络，历史的画卷。蔡伦神化亮丽纸乡璀璨文明，薛涛传说彰显纸乡惊艳魅力，康乾盛世谱写纸乡辉煌篇章，抗战翘楚承载纸乡丰功伟绩，国画大师助推纸乡国宝精品，国家主席力挺纸乡繁荣兴旺，普通纸农奠基纸乡不朽丰碑，这是精彩的亮点，耀眼的篇章。

通过详细描写精彩亮点，突出重点，体现深度；通过概括记述时代脉络，顾及全面，展现广度。以“点面结合”的写作手法，从深度和广度上，充分展现千年纸乡的厚重历史、璀璨文明，是本书的一大特色，也是本书的一大看点。

“书中横卧着整个过去的灵魂。”这是英国著名哲学家、历史学家和散文作家卡莱尔的一句名言。

以“蔡伦神化亮丽纸乡璀璨文明”的精彩亮点开篇，徐徐展开夹江手工造纸绚丽的历史画卷，再以“普通纸农奠基纸乡不朽丰碑”的唯物史观结尾，使广大读者不仅能从中领略到千年纸乡夹江的灿烂纸业史，璀璨纸文化；还能从中了解到夹江积淀的厚重文化，独特的风土人情；更能从中感悟到:夹江纸业的繁荣兴旺，夹江纸文化的灿烂辉煌，大写在民风淳朴的夹江人民自强不息的奋进中，大写在勤劳智慧的夹江纸农及其纸业从业人员创造性的劳动中，大写在璀璨耀眼的中华文明历史史册中。

这就是全书浸润着的灵气，闪耀着的灵光，横卧着的灵魂。

第一章　蔡伦神化亮丽纸乡璀璨文明

引 言

中华文明源远流长。早在1世纪东汉时期，蔡伦就改进了人类最为倚重的传承文化的造纸术。造纸术是世界文化大花园中一朵璀璨的奇葩。它的出现，不仅对中华文明的发展做出了重大贡献，而且为推动世界文明的发展、人类社会的进步做出了突出贡献。

夹江手工造纸，薪火相传，延绵千年，至今完整地保留了蔡伦的造纸技艺，为人类社会留下了极其宝贵的非物质文化遗产。勤劳聪慧的夹江纸农和广大的纸业从业人员，在中华民族古老的造纸技术的传承和发展上做出了重大贡献，在源远流长的中华文明发展史上写下了不朽篇章。

夹江县古佛寺，保存有一通清道光十九年（1839年）由槽户公立，邑庠张潜修撰、书写的完好石碑。碑文载："非天生一蔡翁，聪明神化造为纸张……吾乡中惜竹造纸者，砍其麻、去其青、渍以灰、煮以火、洗以水，舂以臼、抄以帘、刷以壁，纸以法备，纸之张成。于是乎，纸之为用广，纸之为利普。我辈世以此为业，世以此为利。得恩思报，安得不奉蔡翁而为神乎？嘉庆初年，乡中前辈已塑有蔡翁像于古佛寺，至道光之初，又刻蔡翁像一尊为行身，以便抬历各乡，戏庆祝祀。之后遂安置于观音寺，迄今春祈秋报而两处不废尔。"

碑文不仅明确记述了夹江纸农世世代代遵循蔡伦的造纸技艺

生产纸张，以纸为生，以纸为利，而且充分表达了夹江纸农得恩思报，念念不忘造纸先师蔡伦的淳朴民风，抒发了推崇信奉蔡伦为神，塑像顶礼膜拜的深厚情怀。

蔡伦被夹江纸农神化，蔡伦为夹江纸农供奉，蔡伦让夹江纸农春祈秋报……神化了的蔡伦以及蔡伦的神话，无时无刻不在丰富着千年纸乡璀璨的造纸文化，丰富着古邑夹江厚重的乡土文明。

一

源远流长、博大精深的中华文明，如同夺目的艳阳，耀眼的星辰，光耀了悠悠五千年。其中无数发明创造，众多旷世成就，被代代相传，历久弥新。

对世界具有重大影响的，足以使中国人、海外华人引为荣耀和自豪的造纸术、指南针、火药及印刷术四大发明，就是中国古代劳动人民的重大发明创造，是我们伟大民族古老文化的智慧结晶，是中国文化的绚丽瑰宝。列为“四大发明”之一的造纸术，更是世界文化大花园中一朵璀璨的奇葩。它的出现，不仅对中华文明的发展具有深刻的影响，而且为推动世界文明的发展、人类社会的进步做出了突出贡献。

纸是中华文明的标志，纸是人类最为倚重的传承文化的载体。有了纸，人类的发明创造、精神成果，才有延伸拓展的媒介；有了纸，人类浩瀚的历史才足以传播开去，广袤的知识才得以保存下来；有了纸，人类的科学文化事业也才能在总结前人成果的基础上，迅速地向前发展。人类正是通过纸上记录的各种历史史料、文化知识、科学技术，来探索历史，传承文明，从而推动社会向前发展。

纸在人类文明的发展历程中扮演着重要的角色，纸维系着人类与经济、政治、文化、艺术、科技等诸多要素的联系。文化与传播、科技与创新、竞争与贸易，都与纸有着密不可分的关联。正如萧伯纳所说："造纸一事，尤为重要，即谓欧洲文艺复兴之得力于此，亦不为过也。"

二

翻开历史典籍，纵观造纸史册，我们不难看到，从纸的发明到造纸术的改进，是一个长期探索的过程，是一个充满人类智慧之光的创造过程，是一个人类历史逐渐迈向文明的漫长历史过程。

在纸广泛应用之前，我们的祖先曾经使用过许多材料来写字记事，传播文明。

最初，人们是把文字刻在龟甲上或兽骨上，叫作甲骨文。

商周时代，人们又把文字铸在青铜器上，或者刻在石头上，叫作钟鼎文、石鼓文。

到了春秋末期，人们开始使用“简牍”书写记事。“简”就是竹片，“牍”就是木片。把文字写在竹片、木片上，比刻在龟甲、兽骨、石头以及铸在青铜器上便捷，可是连篇累牍，仍然十分笨重。当时，也有人用缣帛作书写材料，但缣帛价格昂贵，一般人用不起。

在造纸术发明之前，“简牍”特别是其中的“竹简”，是人们的主要书写载体和记事工具，是我国历史上使用时间最长的书籍形式。在中华文明史上，“竹简”对中国文化的传播起到了至关重要的作用，也正是由于它的出现和广泛使用，才得以形成“春秋战国”时期百家争鸣的文化盛况，同时也使孔子、老子等名家名流的思想文化，亮丽史册，广播华夏，流传至今。

造纸术的发明，是人类科学文化事业上的一大技术革命。纸张的普及，是文化传播史上的一次重大飞跃。纸的发明到普及，是我们的祖先经过长期的研究，反复的实践，艰难的选择之后，最终确立的文化保存和传播载体。

民间有传，中国造纸术的起源同丝絮有着极深的渊源。我们的祖先早在纪年的初始，就开始养蚕，他们以上等蚕茧抽丝织绸，剩下的劣茧、病茧等则用漂絮法制取丝绵。漂絮制棉之后，篾席上往往会遗留一些残絮，当漂絮的次数多了，篾席上的残絮便积起一层纤维薄片。这种纤维薄片，经晾干之后剥离下来，可用于书写。这种漂絮的副产物数量不多，在古书上称它为“赫蹏”或“方絮”。

又传，中国造纸术的起源与洗涤作坊有关。公元前3世纪，在我国人口集中的城市，开始出现洗涤作坊。洗涤工人在用皂荚和草木灰等洗刷麻制品的过程中，发现洗涤液蒸发后，麻纤维会干结在盆底。人们揭起这些饼状的麻纤维结片，有的用它包裹东西，也有的用它代替“木牍”和“竹简”，在上面写字、画画、记事、绘制地图等。

两种说法虽有差异，但表述的是同一个道理，揭示的是同一个结论，即：纸的发明，是我们的祖先在长期生产劳动过程中的偶然发现，是中国古代劳动人民长期经验的积累和智慧的结晶。从偶然的发现到有意地作为“漂絮制棉”或“洗涤作坊”的副产物，随意制作或提取一些，用于包裹物品或记事书写，于是乎，神奇的纸最初的形态被发现了，造纸术的曙光出现了。

但由于那时“简牍”在书写、记事中占据主导地位，“丝、麻纤维结片”这一新生事物，在当时并没有引起上层社会的重视，更没有人去做进一步的深入研究、开发。

三

到了秦汉时期，由于社会经济、政治、文化的迅速发展，早期的“木牍”和“竹简”已经远远不能满足社会发展的需求，促使有识之士对“丝、麻纤维结片”这一新生事物的关注，开始了对这一新生书写材料的研究、开发。直到1世纪的东汉时期，在宫廷任尚方令的蔡伦，最终完成了这项人类最为倚重的传承文化、传播文明的载体的研制，使造纸术作为我国开创的人类最伟大的发明创造，最重大的科技成果，在全国范围内得以推广运用。

史学家翦伯赞主编的《中国史纲要》在“秦汉时期的文化”一节中对纸的发明专题写到：“中国古代的书写材料有两类，一类是竹简木简，一类是缣帛。秦汉时期简帛并用，以简联为册的书籍称为编，以缣帛曲卷成书，则称为卷。但是简编笨重，缣帛价贵，都不是合适的书写材料，不能适应文化发展的需要。纸就是在这种情形下，逐渐被人们创制出来的。西汉末年，出现了一种名叫赫蹏的薄小纸，是用残丝制成。这种纸价格仍然昂贵，不能大量制造和广泛使用。在出现残丝制纸的同时或更早，已有人用植物纤维造纸……植物纤维造纸方法的大规模推广，当始于东汉和帝时。当时宦官蔡伦集中了前人的经验，用树皮、麻头、弊布、破鱼网造纸，价格低廉。以后全国普遍制造，人们就把这种纸称作‘蔡侯纸’。”

造纸术的发明及其普及，把文字从笨重的“简牍”书写、记事中解放出来，从社会最上层的小圈子里脱颖出来，以浩大的声势，以顽强的生命力，向社会大众推广，向更宽广的领域进发。

而此时的欧洲，尚在使用羊皮和草叶写字。

蔡伦，字敬仲，东汉桂阳郡（今湖南耒阳）人，约东汉永平四年（61年）生，建光元年（121年）卒。蔡伦出身于普通农民家庭，从小随父辈种田，但他聪明伶俐，很讨人喜欢。汉章帝刘旭即位后，常到各郡县挑选幼童入宫。永平十八年（75年）蔡伦被选入洛阳宫内为太监，当时年仅14岁。入宫后，机灵好学的蔡伦，利用宫中丰富的图书资源，博览群书，增长学识，很快使自己学富五车，满腹经纶，才华出众，备受赏识。

汉和帝即位时（89年），蔡伦升迁为出入朝廷、侍从天子的中常侍，主管监督制造宫中用的各种器物。他在总结以往人们偶然发现的“丝、麻纤维结片”制作经验基础上，带领工匠革新造纸工艺，拓宽造纸原料，用树皮、麻头、破布及渔网等原料，经反复试验，终于制造出轻薄柔韧，便于书写，取材容易，成本较低的纸张样品。

东汉元兴元年（105年），蔡伦将自己研发的造纸方法写成奏折，连同制造的纸张样品呈献给汉和帝。和帝大为欢心，诏令朝廷内外使用并推广。朝廷各官署、全国各地都视作奇迹，称其为“蔡侯纸”。很快，被人们广为赞誉的“蔡侯纸”在全国各地传开，逐渐取代了缣帛、“简牍”成为我国主要的书写材料。

《后汉书·蔡伦传》明确记载：“自古书契多编以竹简，其用缣帛者谓之为纸。缣贵而简重，并不便于人。伦乃造意用树肤、麻头及弊布、鱼网以为纸。元兴元年，奏上之。帝善其能，自是莫不从用焉，故天下咸称‘蔡侯纸’。”

蔡伦的造纸术，伟拔华夏，传播世界，对人类文化的传扬和世界文明的进步做出了杰出的贡献，被列为中国古代“四大发明”之首。千百年来，蔡伦备受人们的尊崇。被广大槽户（造纸农户）和纸工奉为“造纸鼻祖”“纸神”。在麦克·哈特的《影响人类历史进程的100名人排行榜》中，蔡伦排在第七位。美国《时代》周刊公布的“有史以来的最佳发明家”中蔡伦榜上有名，2008年北京奥运会开幕式，特别展示了蔡伦发明的造纸术。

四

6至10世纪，隋唐五代时期，随着造纸技术的日臻成熟和不断推广，我国造纸业得到了进一步发展，除了麻纸、楮皮纸、桑皮纸、藤皮纸外，还出现了檀皮纸、瑞香皮纸、稻麦秆纸和新式的竹纸。

在南方一带的产竹地区，丰富的竹材资源使新式的竹纸得到迅速发展。在川西南地区，竹纸制造尤以夹江县域最为兴盛。

夹江是蜀中古县之一。早在新石器时代，祖先们就在这块土地上繁衍生息。夏朝这里为“梁州之域”，商周时期“其地皆在蜀境”，战国时期，秦惠文王灭蜀，北民南移，在此建立泾口戍，后于公元前309年置南安县（县址在今木城镇），至今已有近2400

年的历史。此后两千多年间，县地被史家称作“南安旧治”。清康熙二十四年（1685年）《夹江县志》卷三“古迹”篇载：“南安废县，西北二十里。汉为邑即此，今为南安乡。旧有邓通故宅，今废。”可作佐证。隋开皇十三年（593年），割平羌、龙游二县之地设置“夹江”县，至今也有1400多年的悠久历史。

素有“西川玉带”美称的青衣江贯通县境。青衣江出雅安，经洪雅，畅流到夹江城西2.5公里处的古泾口，形成“两山对峙，一水中流”的天然美景。青衣江又称平羌江，唐代大诗人李白的著名诗句“峨眉山月半轮秋，影入平羌江水流”吟咏的就是此处佳境。举目眺望，山翠欲滴，水碧如蓝，山光水色，如诗如画，旖旎风光，美不胜收。夹江乡贤乃至史学界人士均认为夹江县取名于斯。在这里，有秦汉古栈道遗迹、诸葛亮点将台、唐代摩崖造像千佛岩及明清题刻万咏岩等文物古迹。雄秀奇险集于一处，文化瑰宝装点关山，向称“青衣绝佳处”。

日日夜夜奔流不息的青衣江，滋润了夹江广袤富饶的山川厚土，哺育了沿江两岸勤劳聪慧的夹江人民。

位于青衣江夹江段左岸的东风堰，是县境内一座以农业灌溉为主，兼有城市防洪、城乡工业、生活供水、城市环保功能的水利工程。灌区覆盖夹江县境漹城、黄土、甘霖和甘江4个镇48个村，农业灌溉面积达7万余亩。工程始建于清康熙元年（1662年），距今已延续使用350余年。据清嘉庆十八年（1813年）《夹江县志》记载：清康熙元年（1662年）青衣江水资源短缺，时任夹江县令王世魁于青衣江以竹笼装卵石筑坝开渠、引水灌溉，并将下游的八小、市街等灌渠纳入工程体系中。堰首引水口位于毗卢寺外，因寺得名毗卢堰，清光绪二十六年（1900年）更名为龙头堰，1967年再次更名为东风堰。几百年来，东风堰为夹江县农业发展、农作物增产、农民增收、县城人居环境改善、旅游景区美化做出了积极贡献。

2014年9月16日，国际灌溉排水委员会（ICID）正式宣布东风堰入选首批世界灌溉工程遗产名录，成为当时世界17处、中国4处、川内唯一一处世界灌溉工程遗产。

得灌溉之便利，出物产之丰盛，“仓廪实而知礼节”的夹江县邑，在古代便享有“蜀之良邑”“汉嘉首邑”的美誉。

五

夹江，南临乐山大佛，西傍峨眉仙山，北接三苏故里眉山。物华天宝，人杰地灵，风光秀丽，自然景观和历史人文交相辉映。纯朴、勤劳、聪慧的夹江人民，秉承着积淀了千百年的人文滋润，在这片古老的土地上自强不息，创造了辉煌的文明。

薪火相传，延续千年，享誉华夏，驰名中外的夹江手工造纸，至今完整地保留了蔡伦的造纸技艺，在中华民族古老的造纸技艺的传承和发展上做出了重大贡献，为人类社会留下了极其宝贵的非物质文化遗产，在源远流长的中华文明发展史上写下了浓墨重彩的一笔。

追溯夹江手工造纸的历史，有说发端于唐，也有说起源于隋。邑贤宋秀莲、张致忠在人民日报出版社公开出版的《中国书画纸之乡——夹江》一书中载“夹江手工造纸始于唐，继于宋，兴于明，盛于清”，举证有据，应为权威之说。

如若从中华文明的大视野，从中国造纸发明的大历史观，追寻夹江手工造纸的根脉，可以说夹江手工造纸的“根”在东汉，夹江手工造纸的“脉”在东汉的造纸先师蔡伦。

从技术层面说，夹江手工造纸技术从选料到抄舀的15个环节，72道工序，与《天工开物》所载的蔡伦造纸技术一脉相承，可谓“脉”之所系；从文化视角看，夹江纸农中流传的一些有关蔡伦的神话传说，以及把蔡伦供奉为神灵的文化现象，有助我们寻根思源，探究“根”之所在。

蔡伦的造纸术，是何年、何月传入夹江，由何人、何辈传到夹江，又是以何种方法、何种手段传播于夹江，无记载，无法考证，更无以评说。不过，县境内纸农流传着的蔡伦在夹江传授造纸术的神奇故事，留给我们无穷无尽的想象空间。

相传，东汉元兴元年（105年），蔡伦将自己研发的造纸方法写成奏折，连同制造的纸张样品呈献汉和帝。和帝大为欢心，诏令朝廷内外使用并推广。

皇上下旨推广“蔡侯纸”及其造纸技术的诏令，从京城长安发出，经陕西汉中一路向南，传入四川，不久下达到夹江县邑。夹江县令不敢怠慢，急忙委派专属官员，带着皇上手谕及“蔡侯纸”技法要略，到邑域各乡、里传达落实兴办事宜。

夹江地理条件优越，气候温润，适宜植物、林木生长。县境内的丘陵地区，修竹茂盛，郁郁葱葱；山麓一带，竹海无涯，随风扬波。夹江自然环境良好，雨量充沛。县域内的平坝地带，江河交错，水波滔滔；山峦深处，山高水长，溪水潺潺。一竹，一水，给夹江带来得天独厚的造纸资源，实属上天造化，大自然恩赐。

夹江“封域狭小，耕地无多”，山旷田稀，民生艰苦。因而造就了夹江人吃苦耐劳、勤奋聪慧、自强不息的特质。得天地之造化，凭自身之禀赋，夹江人对能求得一碗饭吃的造纸生计，甚为看好，兴致盎然。各地都积极响应，特别是那些修竹茂密，依山傍水的乡村，很快就有不少村民创办起了造纸作坊。

但是，造纸初期，缺乏经验。朝廷下达的“蔡侯纸”技法要略，也只是一张草图，并不详尽，操作起来难度较大。在很长一段时间里，夹江纸农对造纸的关键技术“制浆”掌握不住要领，捣制出的纸浆很不好使，抄舀出的纸张时好时坏，而且抄舀的湿纸不能重叠，一重叠就揭不开来，只能一张一张晾晒，生产效率很低。

夹江纸农绞尽脑汁，想尽办法，总是不能成功。抄纸师傅们十分着急，但又毫无办法。

一天，纸乡来了一位蓬头垢面，衣衫褴褛，手持打狗棍的老叫花。老叫花有气无力地走到一家造纸作坊，向一位端着纸帘多次抄舀都不成功，正在唉声叹气的抄纸师傅，伸出乌黑枯瘦的脏手，举着污秽不堪的泥碗，颤颤巍巍地乞讨说："师傅大哥，行行好，给口水喝！"

抄纸师傅二话没说，放下纸帘，拉起围裙，揩干双手，右手提起身旁的土陶茶壶，左手扶持着老叫花端碗的颤抖脏手，满满地倒了一碗冒着热气的茶水。

老叫花一口气喝干碗里的茶水，用打满补丁的衣袖，舒心地擦掉嘴角的水迹，嬉笑着再次把碗伸向抄纸师傅，继续乞讨说："师傅大哥，我已经两天没有吃过一口饭了，再行行好，给口救命饭吃，好吗？"

好心的抄纸师傅还是二话没说，转身回家，拿出几个煮熟的玉米，放到老叫花的碗里，说："老人家，米饭我家吃不上，只有苞谷，你就将就着吃吧。"

老叫花一边啃着苞谷，一边不理解地问道："你们造纸人家，怎么连米饭都吃不上呢？"

"不瞒你说，好长一段时间了，我们乡里的槽户抄纸都不成功。不知什么原因，纸槽内的纸浆总是抄舀不出纸来"，抄纸师傅解释道，"造不出纸，卖不到钱，买不回米，就只有吃自家地里种的苞谷……"

老叫花没等抄纸师傅解释完，便把啃了一口的苞谷放回碗里，脚不软，手不抖，气不喘，走到纸浆槽边，埋头仔细地看了一下，接着拿起打狗棍搅动了一阵槽内的纸浆，笑了笑，说：“小事一桩。好办！好办！”

“你有办法？”抄纸师傅吃惊地问。

老叫花没作解释，只是向抄纸师傅招了招手，说：“师傅大哥，你跟我来！”

抄纸师傅半信半疑地跟着老叫花，去到树林里。只见老叫花走到一棵树下，顺手摘了一些树叶，便转身回到抄纸作坊，将树叶捣碎浸出叶汁，再将叶汁加水稀释后倒入纸槽中，用打狗棍搅了几下，对抄纸师傅说：“你再试试看。”

老叫花判若两人的一系列麻利动作，看得抄纸师傅目瞪口呆。他疑惑地端起纸帘，试着抄舀了一张，一举成功。抄纸师傅兴奋地又一连抄了十几张，没想到抄舀一张成功一张。更让他惊喜的是，抄舀出的湿纸，纸与纸之间叠摞在一块，却不相粘连。

抄纸师傅十分高兴，正要拜谢老叫花，可回身一看，老叫花已化为一股清风，飘然入云。

云空中，蔡伦金身隐现。

抄纸师傅顿然醒悟，意识到是造纸先师蔡侯显圣，连忙双膝跪地，不停叩首礼拜。

神话毕竟是神话，大可不必当真。但是，纸乡夹江的造纸师傅们在抄纸时，都要将一种树叶汁水倒入纸浆中，经过一番搅拌后才抄舀纸张，这可是千真万确的，而且是世世代代传续下来的。

在夹江手工造纸工艺流程中，有一道名为“打槽加药”的工序，纸农将这道工序称为“加纸药”。

夹江纸农把这种用树叶汁水制成的纸药，称为“滑水”。它是用当地特有的山矾树叶晒干后压成的粉末，使用时放入石缸中用开水冲入搅拌，再用水配成黏稠状液体。抄纸时，抄纸师傅一边搅打纸浆，一边向纸浆槽内加入配制好的“滑水”，使药液在纸料纤维中均匀分布，使纸浆与“滑水”充分融合。加“滑水”很有讲究，每次的“滑水”要加得适度。多，则纸浆过滑，滤不透纸帘，无法抄舀；少，则纸浆不滑，抄舀出的纸张厚薄不均。所以，在纸浆中加“滑水”的工序，一般都由有经验的抄纸技师具体操作。所配的“滑水”，一般也只供一日之用度，过夜将影响抄舀纸张的效果。

“滑水”在夹江纸农中也称之为“蔡侯纸药”，是夹江手工造纸极为关键的辅料。夹江纸农有句俗话说：“没纸药，莫干活”，说明了纸药在手工造纸过程中的重要作用。

夹江纸农把“滑水”称为“蔡侯纸药”，是否取名于上段神话传说中蔡伦变身为老乞丐，采树叶，捣成汁，加入纸浆中，解决了造纸师傅抄纸难题的生动故事，不得而知。但至少这则生动有趣的神话故事，在一定程度上寓意着夹江手工造纸的根脉在东汉，夹江造纸技艺之魂脉在造纸先圣蔡伦。

六

“蔡侯纸药”解决了造纸关键环节的技术难题，极大地提高了造纸的产量、质量和效率。夹江纸业蓬勃发展，人民的生活特别是山区纸农的生活，由之得到了改善和提高。以纸为业，以纸为利，以纸为生的夹江纸农们，更为崇拜蔡伦，更加爱纸惜字。一段与之相映成趣的神话故事，也逐渐在夹江民间流传开来。

有一个书生，勤奋好学，为求取功名，常常秉烛夜读，直到深更半夜。

一天深夜，书生正在书房专心致志地苦读诗书，忽然一阵狂风卷入，一妖魅随风凶狠闯进，张牙舞爪扑向书生。

书生惊恐万分，不知怎么对付。情急之中，胡乱抓起书桌上的书本，向妖魅袭去。没想到一本薄薄的书本，竟将凶恶的妖魅打翻在地，挣扎了好半天才爬起身来，狼狈地逃出屋外。

书生幡然醒悟：古人云，“鬼魅怕圣物，纸字本为圣人之物，当能避鬼降妖”。今晚情急中用书反击，果然应验，好生欢喜。

第二天夜晚，不甘失败的妖魅再次侵入书生书房，妄图加以报复伤害。当妖魅凶狠扑来时，已有上次获胜经验的书生毫无畏惧，坦然应对。他不慌不忙地将一张纸揉成纸团，用力向妖魅砸去。妖魅不敌圣物，被打得跟斗连翻……

再次遭遇失败的妖魅，恼羞成怒，气急败坏，更为疯狂地扑向书生。书生依靠着书籍纸张，接连打退了妖魅的进攻。当纸张用尽，妖魅又一次扑近身边时，书生迅速抓起书桌上的毛笔、石砚，一并掷向妖魅。刹那间，文房四宝的祖师蒙恬、蔡伦显圣，一道道金光护住书生。妖魅大惊，仓皇逃遁。从此，再也不敢对书生纠缠侵害了。

故事归故事，不过夹江纸乡人有一个优良传统，世世代代都尊崇文化，把纸和字当作圣人的宝物，加以珍惜，加以保护，决不随便丢弃。

为了使纸和字不被玷污，纸乡各地建有为数众多的精美壮观的“字纸库”，专门用于堆积和焚化废纸废字。这种用砖石砌建的“字纸库”，造型如宝塔，小巧玲珑，方便实用。古时在夹江境内随处可见，至今部分地区仍有保存。

不仅如此，在夹江造纸户较为集中的地方，随处可见一些用条石垒砌，重庑宝顶，飞檐起脊，碑身华丽，镌刻图文的古墓群。纸乡人称之为“花花坟”。这种“花花坟”，建造年代约在清代中、晚期，多是有钱槽户人家的祖坟。

造墓立碑，是千百年来国人借以光宗耀祖、泽润后代、流芳千古的社会风尚之一。数量众多，镌刻华美，内容丰富的“花花坟”，也算是夹江纸乡固有的社会风尚，独具的纸文化遗存。

“花花坟”不仅造型高大巍峨，雕刻技巧精良，而且碑柱对联和碑刻记文内容朴实，文墨厚重，反映出纸乡人对文化的尊重与追求。

现存于歇马乡的“领袖会首”碑柱对联书：“佑文人高攀丹桂，扶学士直上青云”。碑联道出了纸乡人不仅把造纸看成是一种技术，更看成一种文化。他们懂得自己辛勤劳作抄制的纸张，是文化殿堂的圣洁宝物，是所有读书人攀蟾折桂的阶梯。他们十分看重自己的劳动成果，格外珍惜纸的文化价值，为能亲手抄制“佑文人高攀丹桂，扶学士直上青云”的文化圣物而无限荣光，为能与文化有深厚渊源而深感自豪。

十分看重自己的劳动成果，格外珍惜纸的文化价值的纸农，在一些碑文中也流露出自己虽与文化有缘，却未能踏入文化殿堂的遗憾。渴望子孙后代惜纸爱字，好读诗书，成为有文化的人，成为高攀丹桂的人，成为光宗耀祖的人的意愿，在墓碑碑文中也多有期许和寄托。

有一幅墓主的碑文，刻留的是别具一格的《训子遗言》。内容为：“费尽了殷勤教子心，激不起好学勤修志，恨不得头顶你上云梯，恨不得手扶你攀丹桂；你看那读书的子，人人景仰，不读书的，一世无成，读书的好比金如玉，不读书的只好土如泥；读书的光宗耀祖，不读书的颠连子妻……”字里行间，流露出这座“花花坟”主人，希望自己的后人，立勤修志，读万卷书，高攀丹桂，光耀祖宗的良苦用心，殷切寄望。

七

神话来源于劳动生产，凝结着劳动人民对自身和外界的思考和感受，包孕着浓郁的情感因素，寄托着对神灵、祖先的敬畏之心。在千年纸乡夹江广为流传的蔡伦神话故事，以及一些与纸关联的文化现象，无疑寄托着世世代代以纸为生的夹江万千纸农对蔡伦的敬仰、敬重、崇拜。这些神话和文化现象，通过历史固化，文化积淀，在一代一代纸乡人的心底流淌、传颂。久而久之，蔡伦也由“纸侯”升华为纸农心目中的“纸神”，成为被纸农顶礼膜拜的偶像。

在青衣江北岸，距夹江县城约二十里的漹城镇桃坡村境内，有座五兀山。

五兀山茂林环拥，树竹遮阴，繁花盛开隐泉；山间碧树烟岚、云蒸霞蔚，流珠泻绿沟壑；峰顶巨崖突兀，巍峨挺拔，地势高峻雅洁。站立山巅，俯瞰雅水，萦带如虹；举目遥眺，化成山峦，如屏对峙。

五兀山上有三块独立巨石，呈鼎足状，每块巨石上均刻有古佛造像。山顶有一座建于明太祖洪武元年（1368年）的古寺。古寺曾叫仙峰寺，明弘治十年（1497年）改名古佛寺，明末续建寺院时，去其“佛”字，简称古寺。

古寺遗址处，有一块保存完好的四方形石碑，碑名为《蔡翁碑叙》。碑高1.7米，边长0.38米，上有雨盖，四面均有叙述文字。《蔡翁碑叙》于清道光十九年（1839年）八月十五日，由当地槽户相议公立，邑庠张潜修撰文并书。

《蔡翁碑叙》的碑文内容是："且三代上已咏录竹，未有纸张，而大事书板，小事书策，彼时虽云明备，然政事崇简，故板策足以给之。秦汉而一，世变多故，上世事简下政谐，后事太平之治，板策之集累，不若纸张之轻便。非天生一蔡翁，聪明神化造为纸张，板策之重将有不堪应给者。蔡翁为汉朝太监，官居侍郎，其行事载于汉书，兹不赘录。溯造纸之由，凡布絮藤楮皆可为用，而其巧妙之功莫过于竹。吾乡中惜竹造纸者，砍其麻、去其青、渍以灰、煮以火、洗以水、舂以臼、抄以帘、刷以壁，纸以法备，纸之张成。于是乎，纸之为用广，纸之为利普。我辈世以此为业，世以此为利，得恩思报，安得不奉蔡翁而为神乎？嘉庆初年，乡中前辈已塑有蔡翁像于古佛寺，至道光之初，又刻蔡翁像一尊为行身，以便抬历各乡，戏庆祝祀。之后遂安置于观音寺，迄今春祈秋报而两处不废尔。"

碑文盛赞了蔡伦改进造纸术的功德，记述了夹江手工造纸的工艺流程，表达了"世以此为业，世以此为利"的夹江纸乡人，不忘造纸先师蔡伦的深厚情怀，表达了他们对蔡伦"得恩思报，安得不奉蔡翁而为神乎"的推崇信奉，顶礼膜拜的集体意愿。

如果说，起源于劳动生产的神话，包孕着浓郁的情感因素，那么，在我国浩如烟海的历史文献中，碑刻文献却具有记述真实，传承久远，不可替代，不可多得的重要史料价值。《蔡翁碑叙》中“奉蔡翁为神”“塑蔡翁像”“戏庆祝祀”“春祈秋报”等内容，真实地记载了纸乡人对心目中的“纸神”“纸圣”蔡伦顶礼膜拜的生动场景。被神化了的蔡伦，不仅给予了夹江纸农生存的技能，带给纸乡人民信仰支撑，而且由此派生了丰富多彩的“纸乡文化”，催生了独具特色的民风民俗。

自古以来，在夹江纸乡，在造纸户家中，蔡伦的地位都十分显赫：堂屋正中除供奉着自己的祖先外，还有造纸先师蔡伦的神位；春天竹子发笋“砍竹麻”之时，纸农们要举行拜蔡伦的“春祈”仪式；秋天收获新纸之时，纸农们要举行祭蔡伦的“秋祀”典礼。这就是“蔡翁碑叙”中所说的“春祈秋报”。逢年过节，忘不了给蔡伦供一炷香；烧锅煮篁时，忘不了给蔡伦祭一杯酒；连纸农家中的门神，也是由蔡伦担任。人们甚至不敢直呼蔡伦名讳，称他为“蔡翁”。写祭文刻碑石时，遇有蔡伦名讳时要提行顶格书写，就连庙内供奉的蔡伦塑像，也不是宦官的打扮，而是英武的须眉……

八

到清代，随着造纸业的进一步发展壮大，从事造纸和与纸业相关的行业遍布城乡各地。夹江境内对蔡伦的崇拜祭祀活动达到登峰造极的程度，与之相应的一座座蔡伦庙也在纸乡夹江悄然建起。

除《蔡翁碑叙》中提到的：清嘉庆元年，即1796年，嘉庆帝登基之初，漹城纸农在古佛寺塑了一尊蔡翁像供人们供奉朝拜；清道光元年，即1821年，道光帝登基之初，纸乡纸农又刻造蔡翁像一尊，为行身，以便抬往各乡供瞻仰祭拜，之后，安置于观音寺。另外，在造纸户密集的马村乡，纸农还出资修建有专门的蔡伦庙。在华头乡，也有两座洪川庙塑有蔡伦神像。

从那时起，在夹江纸乡，以祭拜蔡伦纸神为特色的纸乡文化及相应的民风民俗，热络起来，丰富起来，精彩起来。

从那时起，在夹江纸乡各乡村场镇上，最热闹的地方，最火爆的场景，不是道观佛殿，而是蔡伦庙。

从那时起，一年一度的蔡翁庙会，成了纸乡人最隆重、最盛大的节日庆典。这一天不但要举行隆重的“祈祭纸圣”的典礼，而且要进行盛大的“戏庆”活动，活动将会从中午一直上演到晚上才结束。这就是“蔡翁碑叙”中所指的“戏庆祝祀”。忙碌了一年的纸乡人，在这一天除可享受一次丰盛的宴席外，还可休歇一天，饱过一次“戏瘾”。

蔡翁庙会由始于清代的“蔡翁会”集资筹办并主持。“蔡翁会”的领导称会首。会首由会众推举，一般都是德高望重的长者。夹江县域各乡都有“蔡翁会”，总部设在千佛岩“禹王宫”。

夹江纸乡独具特色的蔡翁庙会，定在蔡伦的生日——农历四月十八日，庙会活动地点在“蔡翁会”总部：依山傍水，山青水秀的千佛岩“禹王宫”。《夹江县志》（1935年版）载：“至期，乡人醵资演戏酬神，旗帜鼓吹周游过市，每年祭祀。”

每年的农历四月十八日，各地蔡翁会会首和会众，都要衣着整洁，笑逐颜开，喜聚一堂，共祭盛典。

这天，千佛岩“禹王宫”，旌幡飘扬，鼓乐喧天，人山人海，热闹非凡。“禹王宫”大殿广场正中，金光闪耀的蔡伦行身塑像，披红挂彩，高高供奉。神像两旁，对联与祭文醒目悬挂。在蔡伦神像前方，安放着一张条案，案上香烛火红，香烟缥缈，猪肉刀头，果蔬祭品，供奉满桌。条案前方，安放有八仙桌一张，铺上大红布面，摆放白色雄壮公鸡一只。

待会众齐聚，时辰一到，主持祭典的会首一声宣布，祭司手起刀下，白公鸡被宰杀，紧接着将殷红鲜血祭洒厚土，将白色羽毛拔下抛撒四方……《四川纸业调查》称：“祈祭纸圣”时祭司宰杀白公鸡，“此乃槽户之迷信，祀求本年所造之纸洁白如雪”。此时，鞭炮声、鼓乐声、欢呼声，响彻云霞，震撼江河。人们列队，齐展展双膝跪地，向崇敬的纸业祖师蔡伦金身，虔诚叩首，顶礼膜拜。

祭拜过后，蔡翁会的会众们会抬着蔡翁神像游历城乡。

在各场口或庙坝上，各乡村的“蔡翁会”早早供放着蔡伦祭祀神位迎接，纸农们则在自家作坊前摆放供桌供品恭候。神像到达时，户主亲率一家老小及帮工师傅，点燃香烛，对着神像行大礼叩拜。礼拜之后，送转下一个作坊……直至将所有会众的作坊游遍，才将神像送回到蔡伦庙内。

巡游结束后，接下来是“戏庆”活动。此时，从各地请来的戏班子开始演出各种剧目，一般多为喜庆剧目或神话故事。演出从中午一直延续到晚上。当最后一个剧目演完，一年一度的盛大蔡翁庙会，也就此落下帷幕。

蔡翁庙会从清初开始，一直延续到民国后期。如今，蔡翁庙会正在悄然流失，与我们渐行渐远。但一些参加过蔡翁庙会的夹江老人们，对当时的活动盛况仍记忆犹新。

结束语

无论是蔡伦的神话，还是神化了的蔡伦，也不论是纸农家中对蔡伦的供奉，还时社会上隆重热烈的蔡翁庙会，过滤掉迷信的色彩，我们看到的是纸乡人民亮丽厚重的文化精华。

这一文化精华厚在：蕴含着纸乡人民，对造纸先师蔡伦的一份深厚情意；记载着纸乡人民遵循蔡伦足迹，在艰辛的造纸道路上不断探索前行的厚实步履；凝聚着纸乡人民厚重的自信心和自豪感；展示着纸乡人民纯朴厚道的乡风民俗。这是纸乡先辈留给后人的一份丰厚精神礼物，包含着不可估量的厚重社会价值。

这就是千年纸乡夹江值得骄傲，值得自豪，值得传颂的璀璨纸乡文明，厚重乡土文化。

第二章 薛涛传说彰显纸乡惊艳魅力

引 言

在夹江纸乡，有一个美丽的传说：唐代美女诗人薛涛的父亲为人正直，敢于说话，结果得罪了当朝权贵，被贬谪到四川省夹江县（当时的南安县）做“南安驿吏”。薛涛幼年时期，随父母来到夹江，客居夹江青衣江畔。

在唐朝，以竹为原料的手工造纸技艺已基本成熟，在夹江广为运用。冰雪聪明的薛涛，对夹江手工造纸兴趣浓厚，耳濡目染，学会了以竹造纸的技艺。之后她迁居成都西郊浣花溪畔，雇工匠办起了造纸作坊。因喜好诗词歌赋，薛涛便用胭脂木捣碎成浆，杂以芙蓉皮，加入芙蓉花，渗以云母粉，研制出了一种专门用于写诗作赋，抄递传颂，应酬贤杰，方便、实用、精美的彩色诗笺纸。这种彩色诗笺纸，成了薛涛的专利品牌，被当时的文坛称誉为“薛涛笺”。

传说既不是真实人物的传记，也不是历史事件的记录。但许多传说把历史事件、历史人物及地方风物有关的故事有机融合，使之成为艺术化的历史，或者是历史化的艺术，成为本土民间文化的精华。

薛涛在夹江学习造纸的美丽传说，伴随着薛涛的才情与“薛涛笺”的气韵，穿越唐朝，流传至今，成为千年纸乡夹江的一段影响深远的历史佳话，一段本土文化、民间文化的艺术精华。

一

一段历史，创造一段文化，展现一段文明。

唐朝是当时世界上最强大、最先进、最发达的国家。繁盛的大唐王朝，以无比强大的经济和政治，孕育出了丰富多彩的盛唐文化，突显了那一段历史的辉煌文明。

618年，唐高祖李渊称帝，定国号为唐，定都长安。627年，唐太宗李世民登基，改元贞观。李世民即位后，通过一系列改革，使唐朝走入鼎盛，史称“贞观之治”。李世民开创的“贞观之治”，使唐朝势力强大，国力强盛，延续一百余年。至唐玄宗在位的开元、天宝年间，大致相当于8世纪上半叶，盛唐王朝，国家统一，经济繁荣，政治开明，文化发达，对外交流频繁。这一历史时期，不仅是唐朝的高峰，也是中国封建社会的鼎盛时期。

唐朝鼎盛，究其根本，首先在于有强大的经济硬实力亦称物质文明为基础，其次则是有厚实的文化软实力亦称精神文明作支撑。唐朝的文化成就、文化实力可谓是盛况空前，盛极一时，在当时的世界精神文化领域居于领先地位。

代表唐朝最高文学成就的诗歌，是中华文明浓墨重彩的绚丽华章。它不仅是中华诗歌史上最有代表性的一段高度成熟的黄金时代，也是世界文化发展史上最具文采的一座巍峨耸立的高峰。

据翦伯赞《中国史纲》载："唐代是我国古典诗歌的黄金时代。流传到今天的，就有2200多个诗人创作的近5万首的诗歌。诗歌的内容十分丰富，反映了唐代历史发展的面貌和社会生活的各个方面……开元、天宝时期是文学史家羡称的盛唐时期，这时的诗人发展了诗歌的各种体裁和形式，流派众多，风格各异，蔚为万紫千红、缤纷灿烂的壮观。"谭中博士在所著的《简明中国文明史》"唐朝——中国历史黄金时期"一章中,谈及英国文化的骄傲是诗后，紧接着说："唐诗也是中国文明的骄傲，是中国文化的'黄金宝库'。如果没有唐诗，不但中国文学，甚至中国文化生活都会暗淡无光。《全唐诗》收入2200多位诗人的48900多首诗，这种万花齐放的盛况是古代别的国家没有的。现在全世界谈论古代文学，李白的名字是少不了的。"在唐朝2200多位有名望的诗人中，诗作独具风格，成就特别突出，属世界级的大诗人，就有李白、杜甫、白居易、王维等五六十名。这一数字，也大大超出了战国至南北朝时期著名诗人的总和。

在中国古代文学史上，能占有一席之地的女诗人并不多。在名家荟萃，须眉当道的盛唐诗坛上，能有所作为、出类拔萃的女诗人，更是凤毛麟角，薛涛是其中杰出的代表人物之一。

薛涛（768-832年），字洪度，唐长安人。所作之诗意境高远，格调清新，以借景抒情、托物言志为主，以委婉细致、词清句丽见长。在当时就备受元稹、白居易、张籍、王建、刘禹锡、杜牧等有名大诗人的推崇和赞赏，他们与其多有唱酬交往。

客观讲，薛涛在诗坛上的地位及其影响力，当然远不如“笔落惊风雨，诗成泣鬼神”的诗仙李白，也不能与“读书破万卷”“语不惊人死不休”的诗圣杜甫相提并论。但薛涛采用传统造纸技法，创造性地运用染纸工艺，通过深加工，成功制作十色诗笺纸，被誉为“薛涛笺”，大受诗坛名流喜欢，甚至于出现一笺难求的现象。这一成就堪称前无古人，光艳夺目。

躬撰浣花溪，创新“薛涛笺”，极大地提升了薛涛在中华文化领域的历史地位，不仅使薛涛享誉盛唐诗坛，成了中华诗歌史上盛传不衰的女诗人中的佼佼者，而且在中华造纸史上创新了个人品牌，在更广阔的精神文化范畴内扩大了知名度，增强了影响力，使其名扬千秋，流芳万古。

二

薛涛，一个娇弱女诗人，何以能创新精美华丽，誉满盛唐诗坛的彩色笺纸？传闻很多。有夹江邑贤考证，薛涛及“薛涛笺”与夹江手工造纸渊源很深。在夹江民间也流传着一段美女诗人薛涛幼年跟随父亲在夹江学习造纸技艺的美丽传说。

在唐代，以竹为原料的夹江手工造纸技艺已基本成熟，广为运用。到开元盛世，在夹江青衣江两岸，依山傍水，修竹茂盛的乡村，遍布着不少的造纸作坊。

据传，正是在这一时期，年仅11岁的薛涛，随父亲来到夹江，客居夹江青衣江畔。

薛涛的父亲名叫薛郧，祖籍陕西西安。薛郧出生书香世家，受家风影响，从小饱读诗书，学识渊博，才华出众。成人后，凭借深厚的国学底蕴入仕，在朝廷为官。薛郧只有薛涛一女。对自己的唯一女儿，对自己的掌上明珠，薛郧疼爱有加，精心栽培，从小就教薛涛读书、练字、写诗、绘画、弹琴……父亲给予薛涛良好的教育，加上薛涛自身勤勉好学的特质，为薛涛奠定了非比寻常的情操，纵横驰骋的人文基础。

薛涛秉承父母天赋，姿容美艳，性情敏慧，8岁能诗善画，通晓音律，多才多艺，声名倾动一时。据《名媛诗归》记载：薛涛9岁时，与父亲在自家院子里，在习习微风中，惬意吟诗对弈。庭院里有一棵梧桐树，树干高耸云霄，枝头鸟儿嬉戏。父亲指着梧桐树随口吟道："庭除一古桐，耸干入云中"，然后让薛涛往下续。聪慧的薛涛不假思索即应声曰："枝迎南北鸟，叶送往来风。"

薛涛天真无邪的即兴应答，让信奉佛教的父亲十分惊愕。一是讶异于女儿才思敏捷，聪明颖慧；二是使他产生了过多的联想，觉得"枝迎南北鸟，叶送往来风"寓意不祥，恐女儿今后谶合了她自己的诗句，沦为迎来送往的风尘女子。

当然，这里可能有点巧合的影子，抑或有《名媛诗归》作者的刻意演绎，但也不排除阅尽历朝历代才女红颜薄命结局的薛郧，对自己美艳娇丽，才华出众的女儿薛涛的疼爱，以及由之引发的忧虑：“女儿的第一首诗，虽显露出非凡的才能，但寓意却又是如此的不吉祥。女儿的人生，或者连同自己的，是否会如这诗中的鸟儿、风儿一样，不安定，不安稳呢？”

薛郧实在不愿多想下去。

薛郧官职不大，但为官清廉，为人正直，敢于说话。薛郧生活的时代正值唐朝极盛时期，也是盛极转衰的时期。这时的唐朝，封建社会的“阿谀谄媚得势，刚正不阿倒霉”的劣根性显现。结果，时世应验了薛郧与女儿吟诗对弈时的忧虑，他因直言得罪了当朝权贵，被贬谪到四川。薛郧不得已带着一家人，跋山涉水，从繁华的京城长安，来到了遥远的地处四川盆地西南部、川西平原与盆周山区交界的南安县，今夹江县木城镇所在地，当一名“南安驿吏”。连带女儿一起，过上了不安定，不安稳的生活。

好在远离京城的南安县，风光秀美，民风淳朴，历史悠久，文化底蕴厚重，让仕途不得志的薛郧，仿佛进入世外桃源，置身宝刹净土，找到了心灵的慰藉。

三

夹江县木城古镇有两千多年的历史，最早可追溯到秦汉时期。

战国末期，开明王在今乐山凌云山下治水后，率部族北进蜀中平原，后做了蜀国丛帝，并在这岷峨交汇之地的今木城所在地建立了部族政权丹梨国，修建了丹梨王城，又称“开明王城”。蜀国被秦军所灭后，“本蜀支封”丹梨部族与秦军坚持战斗了13年之久。

木城早在唐朝就已经设县，据史书记载，唐武德元年（618年），在洪雅县设置犍州，管领南安县、平乡县（今洪雅县罗坝镇）。这是史书中木城最早的记载。

后南安县迁治于“古泾口”下游，因这里“两山对峙，一水中流”的独特地形而改为夹江县，改原县城所在地的木城镇为南安镇，直至明末。明朝时，曹学佺著有《蜀中名胜记》，其记载夹江县风物时说：“治西二十五里南安镇，即汉南安县治。”《清一统志》在释“南安废县”时载：“在夹江县西北，汉高帝封功臣宣虎为邑侯（南安侯），后为县，属犍为郡。宋齐后废。唐武德元年（618年），嘉州复领南安县。”清康熙二十四年（1685年）《夹江县志》卷三《古迹》篇载：“南安废县，西北二十里。汉为邑即此，今为南安乡。”民国《夹江县志》载：“齐别置南安郡治南安县，汉之南安县遂废，今县之南安乡，其废治也。”《中国古今地名大辞典》也认为南安在夹江县，云：南安“故治在今四川夹江县西北二十里”的木城。中华人民共和国成立后，从木城划出一部分另设南安乡，至今。

20世纪50年代，木城周边山脚在整修石面埝时，曾出土过一些石斧。除新石器时代的石器外，在附近山崖上也有不少的汉代崖墓，规模虽小，数量也不多，但足见其地开发年代相当久远。

木城历史悠久，人文荟萃，汉代曾出了一位著名的历史人物邓通。《蜀中名胜记》转引夹江县风物时载：“治西二十五里南安镇，即汉南安县治，有邓通宅故址。前有玛瑙溪，中有磐石，可以修禊。”《蜀水经》记载说：“玛瑙溪，源出南安镇，南入江，溪有磐石可以修禊，邓通故宅在焉。”《史记》载：“邓通，蜀郡南安人也，以濯船为黄头郎（西汉体制中掌管船舶行驶的吏员）。”邓通精通铸铜术，称得上当时的铸造大师，深得汉文帝赏识，赐予严道铜山自铸钱。“邓氏钱，半天下。”邓通是中国历史上最早开发铜矿，铸造钱币的人，是第一个拥有私家货币发行机构的金融吏，第一个拥有一座独立城池的蜀郡人，第一个载入《二十四史》的蜀地平民，也是夹江历史上最早成名的风云人物。

如此古老的历史，如此出名人、有名气的地方，薛涛之父薛郧在拥有如此古老文明的南安县做“南安驿吏”，了解并跟当地纸农学习造纸的传说，看来也并非完全出于杜撰。

四

驿吏，唐朝的小公务员，也就是管理驿站的官吏。

驿站是古代供传递官府文书和军事情报的人或来往官员途

中食宿，换马的场所。驿站在我国古代运输中有着重要的地位和作用。在通信手段十分原始的情况下，驿站担负着各种政治、经济、文化、军事等方面的信息传递任务，在一定程度上是物流信息的一部分，也是一种特定的网络传递与网络运输。封建君主就是依靠这些驿站维持着信息采集、指令发布与反馈的功能，以达到封建统治、控制目的。隋唐时期，驿站遍布全国，像一面大网似的密布在通往各地的水陆交通大道和要隘上。翦伯赞主编的《中国史纲要》在“唐前期社会经济的发展繁荣”一节中载:“运输货物的道路贯通全国。在宽广的驿道上，每隔三十里有一所驿站。驿道交通情况是，以长安为中心，东至宋、汴，西至岐州，夹路列店肆待客，酒馔丰溢。每店皆有驴赁客乘，倏忽数十里，谓之驿驴。南指荆、襄，北至太原、范阳，西至蜀川、凉府，皆有店肆，以供商旅，远适数千里，不持寸刃。”又载：“水路运输也很发达，贯通南北的大运河发挥了很大的作用。在南方，更有许多河流、湖泊构成巨大的水道网，把各个城市联结起来。唐前期水路运输的情况是：天下皆津，舟航所聚，旁通巴汉，前指闽越，七泽十薮，三江五湖，控引河洛，兼包淮海。弘舸巨舰，千轴万艘，交贸往返，昧旦永日。”据《大唐六典》记载，唐朝最盛时，全国有水驿260个，陆驿1297个。那时，专门从事驿务的人员多达2万多人，其中驿夫1.7万多人。由于当时历史条件的限制，科学技术发展水平的局限，其速度与数量与今天无法相比，但就其驿道系统组织的严密程度，运输功能网络的覆盖水平，也不亚于现代。唐朝驿道的发达，有诗曰："十里一走马，五里一扬鞭""一驿过一驿，驿骑如星流"。当时，中央的政令一经发出，两个月内便可通过驿道推行全国，使政令畅通。

何朝何代在南安县城开始设驿站，派驿吏，无从考证。但在夹江县千佛岩风景区内有一牌坊，横跨在千年古栈道上，上书"嘉阳驿路"。这条嘉阳驿路（道），是古代从嘉州（今乐山）到雅州（今雅安）的一条水陆并济的商道，是南方丝路和茶马古道上重要的一段。《中国公路网》在"嘉阳驿道"风物普中作了较为详细的介绍，为我们了解古邑夹江唐宋时期绮丽风光，认知夹江古老厚重的文明，洞开了一扇大门，敞亮了人们的视野。

"嘉阳驿道"从嘉州古城北门的岷江水运码头起，溯竹公溪西行，出西城门，到嘉州的第一驿站白岩铺。驿道离白岩铺到九溪口（今王河园旁）后，改溯竹公溪支流九溪前行，到达"嘉阳驿道"西出嘉州的第二个驿站绵竹铺。驿道离绵竹铺后，改沿青衣江上行过石桥冲，进入夹江县境的第一个驿站门坎铺。

门坎铺设于夹江九盘山，故又名九盘铺。九盘山古称九盘坂，沿江山崖错立。九盘山上尚存明清石板驿路数段，大多沿崖侧而筑，行走其上，心惊胆战，素有"九盘羊肠"之称。有诗道："自古竞传蜀道艰，九盘犹不易跻攀。萦回鸟迹前仍后，曲绕羊肠去复还。屏蔽濡南垂带砺，纲维汉北锁江关。王阳莫道邛崃险，至此应须末解颜。"

九盘铺驿道旁，临江有一巨大的石笋，高达数丈。从远处望去，有头、有胸、有腰、有腿，整个外形酷似一位垂首挺立的老人。宋人杨翚记道："有石峭拔如人立，俗谓之丈人峰"。石笋后壁岩石上，清人镌刻的"丈人峰"三字，依稀可辨。

下九盘山，驿道过盘渡河即进入夹江平原的陶渡村。陶渡村一带古名溺滆镇。至少在宋代，这里已是青衣江流域的第一大镇。溺滆镇地处水陆交通要冲。水路居夹江县至嘉州两地的交界处，陆路为成都至川南、雅州至嘉州两条古驿道的交汇点，为川西南的一大交通枢纽。优越的地理条件，使这里成了上下船只停泊，物资集散，行旅客商憩息之地。相传，那时的溺滆镇有9街18巷，上至八角庙，下抵卖盐坝（盘渡河入青衣江处），右至康石桥，左滨青衣江，纵横1公里。白天街市上人来人往，夜晚家家灯火通明。直到现在，这里还流传着一句"白日里千人拱手，到晚来万盏明灯"的名言描绘当年溺滆镇繁荣景象。遗憾的是，到明代以后，偌大的溺滆古镇，慢慢衰败下去，成为了历史遗迹。

宋代，溺滆镇曾出过一位名医皇甫坦，此人曾为宋高宗之母医治过眼疾，号称一代名医。《宋史·皇甫坦列传》记载：宋高宗母亲显仁太后患了眼疾，视物模糊，感觉痛苦。宫廷中的御医也束手无策，于是宋高宗颁布诏书遍传各州、府、县，募请良医。临安太守张称，将医术精湛的皇甫坦推荐给宋高宗。皇甫坦为显仁太后诊断后，投以方药，立即得到显著的效果。宋高宗十分高兴，赏赐重金，被皇甫坦谢绝。宋高宗继而询问长生之术。皇甫坦直言道："先禁诸欲，勿令放逸，丹经万卷，不如守一。"宋高宗大为感激，于是请画师给皇甫坦绘像，陈列宫中，以兹嘉奖。皇甫坦在溺濡镇的住宅，居室号"清静轩"。宋高宗还特地御赐一匾，上题"清静"二字，以名其轩。传闻，因皇甫坦家居处有宋高宗御赐"清静"匾额，文武官员到此均有顾忌，故有"文官到此要下轿，武官到此要下马"之说。现在陶渡村仍有"上马石""下马石"的小地名。

驿道过溺濡镇沿青衣江西行到达甘江铺。甘江原名"乾江"，据说是因古代该铺南邻河道冬季干涸而名乾江。清初，诗书大家王渔洋从成都南下嘉州，就曾"晚抵乾江铺"，与夹江乔县令会面后，于次日离乾江铺取道嘉阳驿路东去嘉定府（今乐山市）。后人图吉利，易"乾"为"甘"，改写作"甘江"。甘江铺地势平坦，土地肥沃，有夹江米粮仓之誉。

驿道离甘江铺后经观音铺，从夹江城南迎薰门进入夹江古城驿站。

甘江铺到夹江古城驿站的20里驿道，风光秀美，宛若江南。王渔洋当年路过，有文记道："沟塍棋布，烟村暧然，类吴中风物。人家以竹为藩，微径通出入，时露茅茨，或闻鸡犬声，乃知有人。"确是一片田园风光。

驿道离夹江城溯青衣江西行，进入聚贤街，这里本为夹江水运码头，因乡贤常在此聚会，故有此名。

过聚贤街后便到了夹江旅游胜地，有"青衣绝佳处"美誉的千佛岩。

千佛岩早名“古泾口”。传说秦灭蜀后，秦人不远万里迁居于此，比之于秦地之“泾河南口”而称为“泾口”，后人称“古泾口”。自古以来，此地就是重要的交通要道，北可通犍为武阳，西可去蜀郡青衣，南则往越嶲郡等地。著名的东汉南安县县令王君平，以栈道的形式构筑于悬崖之上的“平乡明亭大道”建于此。县令王君平修筑此道的《南安长王君平乡明亭大道碑》的摩崖石刻，到宋代尚存。现崖壁上“平乡明亭大道”栈道犹存40米长的遗迹，主梁桩孔尚有8个，等距离呈水平状排列，已是乐山境内仅存的汉代古栈道遗址。唐代以后，栈道依然存在，只是位置较之前下降了约4米。木板梁到民国时换成了石条，现有保存。

唐代，“古泾口”一带的山岩，成了佛教徒雕刻佛像的地方。《重修千佛岩记》载：“唐时好事者刻佛于岩上，累若千数，后人遂以名之曰千佛岩”。清代《重修千佛并灵泉记》则神秘兮兮地说：“唐初，邑人之僧人梦佛于岩上，以千佛石岩刻之，宛然有其神而助之”。史载夹江千佛岩的摩崖造像早于乐山大佛。乐山大佛开凿于唐玄宗开元初年（713年），完成于唐贞元十九年（803年），前后开凿达90年。而夹江千佛岩开凿于隋，兴盛于唐，延及明、清，延续开凿数百年之久，实际造像超过万尊，因毁损保留两千多尊。

驿道过千佛岩“古泾口”，溯青衣江而上，便到了古南安县城。过南安沿青衣江南岸西进，“嘉阳驿道”就经石面渡离夹江，进入洪雅境内，通达雅安。

“嘉阳驿道”从进入夹江县境内的第一个驿站门坎铺，到古南安城的40余里驿道，是夹江县自然与人文景观的精华集中地。宋代以前，备受邑贤及路过的文人墨客赞誉的“夹江十景”，就有八景在这条驿道上。分别为：南安白岩村的“灵泉白蟹”、甘江陶渡渡口的“弱濡晚渡”、新民村九盘山的“九盘羊肠”、夹江县城大东街“文昌古祠”、城西现夹江中学校址处的“安国禅院”、千佛岩文物风景区的“千佛胜境”“龙脑巨浪”、千佛岩南岸化成山的“化成瀑布”。另外两处为：吴场镇白龙村的“牛仙古迹”和界牌镇周柏村的“凤凰翱翔”。古代夹江十景，现存的景观仅剩“千佛胜境”“龙脑巨浪”“凤凰翱翔”三处，其余景观，或已不存，或已衰败。

坐落在“嘉阳驿道”上的千年古南安县，不仅风光秀丽，景色宜人，而且是当时整个驿道上最重要、最繁华的土特产和外地商品集散地。古街两边商铺林立，各行各业都十分兴旺发达，饭馆、客栈、米行、木行、药铺、南货、北货、窑货、屠行等一应俱全。码头上帆樯林立，许多往来于成都、宜宾、乐山、雅安之间的商人经常留宿于此。夜晚，客栈、商铺灯火通明，十分热闹。

南安驿站之所以能在当时的方圆数十里之内脱颖而出，形成具有影响力的中转站，主要得益于得天独厚的地理环境。南安背靠峨眉山余脉大旗山，面向青衣江。依山傍水，山明水秀，水陆并济。

南安山明，陆路横贯。从“两山对峙，一水中流”的“嘉阳驿道”泾口（南安峡，亦称熊耳峡）向西望去，一座大山横贯，如屏秀列在南安平畴之后。其山势形状好像巨幅旌旗飘扬，当地人称之为大旗山。大旗山山峰突兀，下临绝壁，群峰耸立，气势磅礴，巍峨壮丽。大旗山最高处因面向三峨，壁峭崖悬，雄姿险峻，绵延数里，形如天鹅展翅，凌空欲飞而得名“仰天鹅”。此处地势高绝，视野开阔，极目远眺，无际林木，层峦叠嶂，浓荫密聚，万顷碧绿。山风轻拂，顿觉清爽神怡，狂风骤至，林涛汹涌，如万马奔腾，收不尽“异风突起，云树交辉；百涧争鸣，千碧竞秀”的万千景象。大旗山一条荒径相通，山间峻岭秀拔，苍翠簇拥，地雅静幽，繁花丛丛，朝晖夕阴，有说不完的美景，道不尽的壮观。在风光秀美的大旗山簇拥下的“南安驿道”，陆路横贯南北，距离洪雅20公里，峨眉山27公里，是成都南下峨眉、洪雅、雅安的必经要道。

南安水美，水道通达。发源于邛崃山与夹金山的青衣江，悠悠江水经宝兴在飞仙关处与天全河、荥经河汇合，经雅安、洪雅，从南安脚下穿流而过，直达千佛岩。其后一路平缓，流向乐山，进入岷江，流经宜宾，汇入长江。水运是古代首选的交通方式，南安作为古时繁华的商贾码头，临江有五里渡、三元宫、戴桥三个水码头，是古代的水陆交通要冲。雅安的茶叶、山货，乐山的丝绸、食盐和粮食，夹江本地的纸张、茶叶、白蜡等，大都通过青衣江水路或江边的驿道，用舟船或驮队往返运输。

南安陆路横贯，水道通达，水陆并济，这也许是唐武德元年（618年）唐高祖在此设县、置站，派驻驿吏的主要缘由。

五

古南安县城不大，但小巧秀美。青石铺筑的街道，木板组成的街面，清幽雅致的院落，飞檐高矗的骑墙，小窗临街的阁楼……沿青衣江的流向，以山水为背景，以环境为依托，巧妙利用自然形胜构建，达到人文、环境、艺术的有机结合，相互共融，呈现出一派古朴、沉稳、凝重之美。

南安驿站坐落在古城的开端，背靠城镇，面向青衣江。驿站院落不大，两井一花园，呈长方形，松木结构，灰瓦屋顶，质朴典雅，秀丽多姿，与古朴凝重的南安街道景色十分协调。

贬出京城，远离故土长安的薛郧，对做官早已心灰意冷。但南安这个山清水秀、景色宜人的他乡，不仅把长安都城的喧哗挡在了世外，也让薛郧将官场的倾轧抛却在了云端，抚慰了薛郧贬出京城的凄凉心境，填充了他深感失落的精神。虽然身为驿站之长的他，要强颜迎送在此停留歇息的朝廷官吏，要按朝廷规定呈报繁杂的驿马死损肥瘠，以及经费支出等情资，但薛郧也将更多的精力放到了宝贝女儿薛涛身上。他把办公与迎送客房摆在了前厅的两厢，把驿站内最优美、幽静的后厅作为居室，还特意给女儿精心布置了典雅的闺室、书房，给自己年幼的女儿一个健康成长的优良学习环境。此时已安下心来的薛郧，除倾注全部心血教导薛涛，不遗余力培育薛涛，一门心思寄望薛涛外，没有别的奢求，甚至还希望就这样渡过余生。

每当霞染褪尽，暮云合璧，晚风将幽蓝的天幕撒向大地，倦了的小鸟儿匆匆回巢时，薛郧总要陪伴在女儿身旁，将自己的学识悉心传授给女儿。工作之余与娇媚温婉的女儿一道学文对弈，在院中吟诗赋唱，成了薛郧最大的乐趣，最幸福的时光。

每当细雨蒙蒙，雨水无声无息地沿着绿色的枝枝叶叶，点点滴滴洒落在后花园芳草地时，薛郧时常置身驿站的石阶，听风抚雨，陶醉其中。这时的薛郧，总会闭上双眼，总要静下心思，倾情感受大自然的灵气，让雨水流入心灵深处，洗刷积淀心头的时事尘灰。雄、幽、峻、秀的自然风光，古道、小桥、石板街、幽庭院、淳民风等人文景观，伴随小城丰厚深沉的文明历史，仿佛一幅幅画，慢卷眼帘；恍如一首首诗，奔涌心田，抚慰了薛郧几多感慨，几多忧伤，成为薛郧最惬意的时光，最神往的意境。

每当艳阳高照，层林尽染，阅不尽宜人景色时，薛郧总要步出驿门，漫步大旗山麓，尽情领略大自然万千景象，让如诗如画的美丽景色，驻入心间，弥盖乡愁，不思过往，填充空灵境界，忘却沧桑岁月，凝固流逝时光。

六

深秋的南安古城，大旗山东头早起的艳阳，把小城镇的大街小巷镀染得金碧辉煌，把青石板铺设的路面映照得铮光闪亮。

这天，薛郧早早起床，披着霞光，在庭院舞了一套剑术。舞毕收剑，薛郧乘兴放眼眺望大旗山，只见无边无涯的山岗峻岭，万木妖娆，层林尽染，殷红、金黄、墨绿、深紫连成一片。不远处的一丛山林，已经大片披上了鲜艳的红色，美若云霞，灿似锦绣。

风光怡人的大旗山秋色，引发了薛郧的游趣。他乘着雅兴，穿过青石板街道，举步来到大旗山下的一个临近南安城的小山坳。

山坳口，一股清泉，拍击卵石，穿越山林，涤荡山坳。山林中，无数飞鸟，和着溪流的节拍，放声鸣叫。“好一幅彩云天，五色林，溪水唱，百鸟鸣，秋色怡人，动人心魄的人间仙境啊！”薛郧情不自禁地摇着头，吟唱起来。

唱毕，举目，薛郧发现潺潺流动的小溪旁边，有一条人行便道，溯流延伸到山林深处。早已为大旗山景色陶醉的薛郧，信步沿着山坳的小道进到山里。

小道尽头，是一片开阔地带，一间木结构瓦屋矗立其间。

瓦屋背靠大旗山，面向南安城，呈凹字形，是当地俗称“畚箕口”式住房，无围篱。屋子正面一排有5间房，中间一堂屋，洞开着大门，堂屋两边各两间卧室，卧室两扇木窗向外掀开。屋子两侧平行着两间房屋，一侧为灶房，灶房外堆满了做饭用的干柴火；另一侧为猪圈连厕所用房，房外空地放着各色劳动工具。

瓦屋后面，修竹簇拥，一望无涯，微风扫过，绿波荡漾。瓦屋两旁，核桃树上青果累累，穿插其间的柿树上挂满了熟透的柿子。柿子呈橘红色，虽不太艳，因点缀在青绿山水间，显得格外耀眼。瓦屋四周，乳白色、金黄色的菊花盛开，大红色、姜黄色的美人蕉挺拔，把瓦屋装点得生机盎然。

凹形瓦屋中间有一院坝，院坝中央，金色阳光映照下，一个小女孩，手拿一小竹竿在不停地左右舞动。屋子左前方，清澈透底的小溪边，有一个硕大的蒸笼，笼口冒着缕缕青烟。一个小伙赤裸上身，站在笼口，手拿长长的竹竿不停搅弄。蒸笼侧面，有一间前后通风，两端墙壁的工作坊。一位老者正双手端筛，一次又一次在一水槽里捞舀，一个年轻妇女正在将一叠又一叠白布一样的东西往墙壁上粘贴。

古朴瓦屋佳美地，劳动场景动人处，引发了薛郎的好奇心。他唯恐惊扰主人，放慢脚步，轻轻走到老者身旁，想看个究竟。

心灵手巧、耳聪目明的老者，老远就发现薛郎的身影。见薛郎小心翼翼来到身旁，便礼貌地停下了手中的活，掀起围裙，擦着湿漉漉的手，说：“稀客啊！好像从未见过。”

“我刚来南安不久，第一次置身贵地这片世外仙境，就有幸来到宝宅。咱俩缘分不浅啊！”薛郧客套且斯文地回答道。

“住在哪里？”

“城头驿站。”

“过客？”

“不，客居。”

答毕，薛郧把话题转向了自己的关切之处：“请教老人家，你们一家老小在忙什么活？”

“忙生计。”老者答。

“什么生计？”薛郧问。

“造纸啊！”老者诧异。造纸营生，在南安城可是无人不晓，妇孺皆知的事。

“啊！造纸呀！”薛郧惊讶得目瞪口呆。从小到大，从京城到南安，一天都没离开过纸的薛郧，压根没有想到洁如白玉，承载厚重文化的珍贵纸张，竟出自山沟里的普通农家。要不是离开京城，要不是贬到南安，要不是进到山里，要不是亲眼所见，他真不相信自己心目中的至爱、珍宝、圣物，来得这么普通，普通到出自山沟里的老人小孩之手。来得这么简单，简单得产自溪水边的瓦屋陋室之中。

老者热情，对远到的客人，第一次登门的薛郧甚为看重。他擦干手，解下挂在胸前的围裙，邀请薛郧来到院坝。

院坝中间，小姑娘还在专心致志地挥动着小竹竿，熟练麻利程度不亚于成人。老者介绍说：“这是我的孙女小茵茵，今年10

岁。她正在分纸，就是把已经阴干的粘连在一起的纸，用竹竿一张一张分开，便于用户使用。因不是什么体力活，不赶时间，提得起，放得下，我们造纸人家，一般都把这类的活交由妇女、小孩干了。”

介绍完毕，老者朝灶房里吆喝一声：“老婆子诶，来客伙了！”

“来了！来了！”呼应声中，一个身穿蓝布衣衫，头缠黑色纱巾的老妇人，从厨房间急匆匆奔了出来。老妇笑容满面，和蔼可亲，一看便知跟老者一样热情好客。

“快！去宰只鸡，到地里挖点芋儿，烧一锅，招待客人。”老者吩咐老妇。

“好咧！”老妇应声返回了厨房。

“老人家，不要太客气了！”薛郧连忙阻止道：“饭就不用吃了。我转一转，稍坐片刻就走。”薛郧见老者一家如此热情，如此厚道、淳朴，真有些过意不去。

“远道而来，初次上门，哪有连饭都不吃一口的道理。”老者坦诚地说：“我们山里人没啥好东西招待客人，但宰只自家养的鸡来招待你还是没问题的。要是昨天就知道你要来的话，我老婆子昨晚就会泡一升黄豆，今早推一磨豆花给你吃。我们屋前的这条小溪，溪水清纯、甘甜，用它煮出的豆花可好吃了。”

老者边说边带着薛郧走进堂屋。堂屋正中有一神龛，神龛上方挂着一块书写着“天地君亲师”的殷红牌匾，牌匾下方，神龛正中，安放着一块长方形，黑底金字的“纸圣蔡翁先师之位”的牌位。

老者指着蔡翁牌匾说：“我们周边十里八乡的造纸人家，靠三样东西生存。一是蔡翁先师传授下来的造纸术。这块先师的牌匾我都不知道已经传了几代。材质好，就是色褪得很厉害。前不久我把它用黑土漆重新刷了一遍，中间的字也是刚用金粉按原来的字迹描写出来的。”

“那其他的两样又是什么呢？”薛郧好奇地问。

“一样是我们屋后取之不尽的竹子，这是造纸必不可少的原材料；另一样就是我们屋前流之不竭的溪水，这是造纸的每道工序都大量需要的，跟我们人必须饮用一样不可缺少。这两样东西都是上天给我们山里人的馈赠、恩赐。有这两样东西，我们只需要买少许石灰、土碱就可以造纸了。在我们山乡，造纸的成本低，只要不怕苦，舍得干，一家人就饿不了肚子。”

老者的一番话，使薛郧大开眼界，更感慨不已：虽说山里人清贫，造纸农家艰辛，但他们靠上苍的馈赠，靠勤劳的双手，自给自足，自得其乐，活得自在，活得轻松，活得洒脱，活得安然。相比之下，自己虽出身官宦之家，饱读诗书，满腹经纶，吃着朝廷俸禄，惯看官场沉浮，纵使一心效忠皇上，一意尽职百姓，然而上司脸色不能不看，背后小人不得不防，成天小心谨慎，诚惶诚恐，活得拘谨，活得辛苦，活得心累。

看着眼前豁达开朗的老者，看着老者一家人在群山怀抱中自在劳作，欢快生活，再想到谨小慎微的自己，想到离乡背井的跌宕人生，薛郧官宦人家的优越感顿失，文人雅士的清高不再，由衷地坦言道："人生最难得的是拥有一片净土，最惬意的是一家人安居乐业，最宝贵的是自由自在地生活。这人世间的最美、最珍贵、最令人向往的一切，你老人家都享有了，真让人羡慕啊！"

"我家世代槽户，我一介山野村夫，吃的是粗茶淡饭，干的是笨重脏活，哪来什么美不美、贵不贵的？又哪有什么值得羡慕的呢？"老者说得真心，说出了自身的真情实感。

"不仅羡慕，老实说，我还真想有朝一日归隐田园，找一处山水好去处，隐居造纸。即便不为生计，至少也可以收获一份成果，收获一份欢乐，收获一份自由自在、自得其乐的世外生活。"薛郧进一步说。

"如不嫌弃，你归隐后就到我这里来好了。"老者坦诚欢迎。

"好啊！不等归隐，我现在就拜你为师，先向你学习造纸技艺。"薛郧欢欣。

老者连忙摆手，说道："不敢！不敢！造纸是我们农家的命，绝不是先生你干的活。"

"我是当真的。"薛郧说。

"如你真想学的话，咱俩就交个朋友。"老者见薛郧真心实意，便敞开心扉，说："造纸本是个体力活，是眼见之功，没有太多技术。像你这样的读书人、聪明人，只要常来山里走走，多看上几眼，自然就会了。”

老者热情厚道，薛郧知书达理，两人越说越投机，越说越亲切，越说越热火，不知不觉间到了吃中午饭的时间。

一大盆芋儿烧鸡，一碗素炒土豆丝，一碗鸡血白菜汤，一盘油炸花生米，二两“华头”老白干，简单的几样农家小菜，吃得薛郧脸红扑扑，心热乎乎，好不畅怀，好不开心，好不痛快。

吃完饭后，薛郧又乘着酒兴，观看了一遍造纸流程，在老者的指导下，学习了一阵抄舀纸张的手法。直到夕阳西沉，飞鸟归巢时，才回驿站。

七

暮云合璧的南安驿站，琴声瑟瑟，古韵悠悠。正在书房抚琴的薛涛，看到一天未见的父亲兴致勃勃归来，立即停下指法，止住弦音，冲出屋外，扑向薛郧怀里。

“乖女儿，父亲今天去了一个非常好玩、非常有意思的地方。”余兴未尽的薛郧，一见薛涛，就迫不及待地跟女儿分享起自己一天的欢欣。

“怎么个好玩？怎的有意思？”薛涛好奇地询问道。

“你知道咱们写字画画的纸是怎么来的吗？”薛郧问女儿。

“不知道！”薛涛答道。

“我以前也不知道。但今天我知道了，大开眼界了。”薛郧说。

“纸是怎么来的？”薛涛追问。

“一两句话我说不清楚，你呢也不会听明白。哪天我带你去亲眼看一看就知道了。”薛郧说。

“太好了！”高兴不已的薛涛，为让父亲的许诺铁板钉钉，补充一句，说：“一言为定！”

“父亲说话算数。”薛郧不让女儿失望。

“父亲真好！”薛涛踮起脚跟，用小嘴在父亲的脸颊上狠狠地亲吻了一下。

又是一个阳光明媚的日子，又是身披万道霞光，薛郧又一次走在了大旗山脚下那条通往造纸老槽户家的幽静小路上。

上次进山是无意地闲逛，这次进山是特意地拜访，而且还带上了心爱的女儿薛涛。出发前，薛郧脱下官场礼服，换上了家常的窄袖圆领袍衫，腰部用革带紧束，轻装出行。为了让女儿与农家小女孩茵茵亲近，薛郧特意给女儿脱掉了艳丽的衣服，穿了一身素净的女儿装，平时飘逸脑后的长发也盘上了头顶。他让妻子去市场买了一刀猪肉，一只卤鸭，带上了两瓶上乘好酒，准备与老槽户开怀痛饮。他让女儿背上布袋，装上新买的书，作为礼物送给小茵茵。一切准备就绪，薛郧方牵着女儿的手上路。

平日里足不出户的小薛涛，跟随父亲蹦跳在山间小路上。聆听着清脆悦耳的小溪流水声，叽叽喳喳欢快嬉闹的飞鸟鸣叫声，薛涛巴掌大的娇小无暇脸蛋上，四处观望的澄净双眸中，闪烁着好奇与惊喜，洋溢着愉悦与欢欣。待来到那间小瓦屋时，小薛涛一见屋后的竹林，屋旁的红柿，屋前的繁花，特别是见到小溪边的从未见过的造纸槽、锅、蒸笼之类的东西，更是觉得格外的新奇。

小薛涛见到小茵茵，不到一刻钟的拘谨过后，两个小朋友，两个新伙伴，很快玩在一块了。

小茵茵的父亲，见到娇俏可爱的小薛涛，格外喜欢，先是搬梯上树，摘了一簸箕红柿，让茵茵洗给薛涛吃。紧接着又拿起一根长长的竹竿，一竿子打下二三十颗核桃，捡起后剥掉青皮，敲开鹅黄硬壳，放在薛涛面前，叫茵茵剥给薛涛吃。

小薛涛吃了一颗红柿，两颗鲜嫩核桃后，便迫不及待地拉着小茵茵房前屋后地玩耍起来。扑彩蝶，采野花，还到小溪边捡彩色小石子……两个小朋友玩得手脚不停，开心、开怀；耍得大汗淋漓，尽情、尽兴。

薛郧见女儿玩得高兴、投入，没有打扰薛涛与小茵茵的童趣、纯真，任由她俩玩了半天。

吃午饭时，薛郧在给薛涛擦洗满脸的汗，一手的泥时，才提醒女儿说："乖女儿，不要光顾玩耍，可别忘了你来这里的主要目的哟！"

"哦！"薛涛猛然想起父亲带自己到山里来，是要让自己开开眼，看一看用于写字绘画的纸是怎样造出来的，忙说："吃完饭，我就让茵茵妹妹带我去看。”

薛郧父女俩的对话，被同时在给茵茵洗脸的茵茵父亲听到。插话问道：“小薛涛还想看啥子？”

“小妮子对纸是怎样来的很感兴趣。我带她来就是要让她看一看，开开眼，长点见识。”薛郧解释说。

“饭后我带小薛涛去转一转，抄几张纸给她看一看。”茵茵父亲热心地说。

午饭丰盛。大盆芋儿烧鸡，大碗新磨豆花，大盘蒜苗回锅肉，外加薛郧带来的一份卤鸭子，吃得小薛涛与小茵茵满嘴油腻。饭后，薛郧与老槽户还在你来我往高兴对饮时，小茵茵父亲就带着两个女孩子离桌，到小溪边抄纸去了。

“我们这一带的纸是用竹子造的。”茵茵父亲指着屋后大片竹林，对小薛涛说：“这山里的竹子多得很，砍了又长，取不尽，用不完。”

茵茵父亲一边说，一边带着两个小孩子来到一个长方形窖池边，对薛涛说：“竹子砍回后，先要将新鲜嫩竹砍齐放在池窖内杀青，也就是用水沤黄。”

紧接着带她们来到高耸地面的大蒸笼前，说：“这是造纸专用的篁锅。前面经槌打沤制好的竹麻，要放入篁锅里面蒸煮两次，然后捣制成纸浆。”

由于是对小孩介绍，茵茵父亲只说了个大概，对选竹、槌打、沤制、两次蒸煮、洗漂、捣料、制浆等各工序的具体细节，没有多讲，径直带她们来到抄纸槽边。

他先拿起一根木杵，将纸槽内的纸浆搅拌悬浮均匀，然后拿起纸帘抄纸。只见他双手持帘，斜着从后方浸入槽内，向左右平行移动，使纸浆由右到左流过纸帘，再由后向前斜向浸入槽内，令右上角方向进入浆内，再由右向左流出。经他这样一抄舀，纸浆神奇地变成了薄薄的湿纸一张。紧接着，他放下纸帘边柱，手提纸帘，将其平复纸板上，轻轻提起纸帘，把纸帘上湿纸留在纸板上。之后，又重复先前的手法，抄起了第二张、第三张……

茵茵父亲熟练、麻利的抄纸动作，看得小薛涛目瞪口呆。

“太好玩了！太神奇了！让我也来抄一张好吗？”小薛涛兴奋地向茵茵父亲请求道。

“好是好，可惜纸帘太大，你那双小手端不够。明天我给你做一个拿得动、提得起的小纸帘，那——你就可以像我一样抄舀纸张了。”茵茵的父亲亲切地说。

话虽然这样说，茵茵父亲为满足薛涛的好奇心，还是让小薛涛用手扶着纸帘，跟随着自己的手运作，抄舀了一张湿纸。

就是这样一个形式上的满足，也让小薛涛高兴地拍着双手跳了起来。她那稚嫩的小脸上，洋溢着欢欣，充满了笑意。满足感、成就感、兴奋感，美滋滋，甜丝丝，一股脑儿涌上心头。

当晚，小薛涛与父亲留宿茵茵家。

当夜幕缓缓拉开时，明镜似的圆月，已经被远方黑黝黝的山岭托上天空。晚风吹拂，一缕缕薄雾般的轻烟，从荡漾的竹海中冉冉升起，层层弥漫散开，装点出一个宁静、安详、美丽的山村之夜。

夜，山村的月夜，银白色的月光洒满山野，编织成了一个柔软的网，把所有的景物都笼罩在里面。古老的瓦屋，茂密的山林，飘逸的修竹，任何的一草一木，都不是像在白天里那样真切了，它们都弥漫着空幻朦胧的色彩，隐藏了精美的看点。

山林的夜色美。美得温柔、宁静、沉稳；美得羞涩、婀娜、妩媚；美得轻盈、灵动、飘逸；美得朴实、典雅、清淡。

在这迷人的月夜里，薛涛的父亲和茵茵的爷爷，并坐在竹椅上，带着小酌后的惬意，伴着花果里的芬芳，滔滔不绝，谈天说地，论竹评纸。

在银色的、无声的月光中，茵茵的父亲，手拿着一张废旧的竹帘，去粗取精，精心改制，兑现着给小薛涛做一个拿得动、提得起能让她自个抄舀纸张的小纸帘的承诺。

夜色再美，山里人也绝不会让孩子们到屋外乱窜的。怕夜色朦胧下不小心摔跤，怕不熟悉路径走失，更怕遭到趁夜色出没的猛兽伤害。因此，小薛涛和小茵茵只好待在屋里，像两只关在笼里的小鸟，叽叽喳喳嬉笑不停。

一缕轻柔的月光透过窗户，洒在了窗台上，落到了小屋里，银光闪烁。说笑一阵的两个小伙伴，被月光迷住，双双走到窗前，爬在窗台，举头赏月。在深蓝色天穹下，月亮斜挂，展露笑脸，出奇地耀眼；星星挤满银河，眨巴着眼睛，光亮夺目；清风携带花香，徐徐吹拂，馨沁心扉。

眺望如玉盘一样明亮、美丽的月亮，小薛涛不由自主地念起了父亲教她背诵过的韵月诗："小时不识月，呼作白玉盘。又疑瑶台镜，飞在青云端。"

小薛涛诗意盎然，兴味无穷。小茵茵不会吟诗，只是透过迷离的目光，感觉着月亮的清澈，感觉着薛涛吟诗的趣味。直到茵茵的母亲进屋，帮她俩铺好床，叠好被，催促早睡，两人才依依不舍地离窗上床，在柔美月光的轻轻抚慰中，进入甜蜜的梦乡。

第二天，东山升起的朝阳，爬上竿头，金色的阳光洒满山林，小薛涛和小茵茵才在茵茵母亲的再三呼叫声中懒懒起床。

此时，小薛涛的父亲和小茵茵的爷爷已吃过早饭，到造纸作坊走造纸程序去了。小茵茵的父亲正拿着做好的小纸帘，等着小薛涛和小茵茵去纸槽抄纸。

小茵茵的奶奶，给她们各煮了一碗荷包蛋，蒸了两个叶儿粑。两人匆匆吃完早饭，便一边一个拽拉着茵茵父亲的手，去纸槽抄纸。

纸槽边，小薛涛在茵茵父亲指导下，双手端着小纸帘，在纸浆里舀上舀下，时左时右，一丝不苟地抄舀起纸来。直到双臂举酸，累得满头大汗，茵茵父亲才让停歇，换茵茵抄舀。

两个小伙伴轮换两遍时，薛郧与茵茵爷爷走完前面的程序，来到了抄纸槽前。薛郧看到女儿抄了一叠厚薄不均的湿纸，说："乖女儿，抄几张感受一下就可以了，不要没完没了。一槽纸浆来得不容易，被你糟蹋了太可惜。”

“没关系的。抄舀的湿纸要不得时，趁湿把它丢进纸槽，多搅拌几下就可以再用了，浪费不了。”茵茵父亲生怕影响小薛涛的兴致，连忙解释说。

就这样，小薛涛和小茵茵在纸槽边将湿纸舀出又倒进，反反复复地折腾了半天。

下午，茵茵父亲又带着小薛涛和小茵茵到屋后的竹林里，套竹鸡，捉笋子虫……把小薛涛高兴得手舞足蹈，嘴角笑弯。

晚上，茵茵父亲把白天带着两人捕捉的竹鸡和竹笋虫，烧烤给她们吃。香脆可口的野味，吃得小薛涛双手并用，舔嘴舔舌。

这一天，是小薛涛最累的一天，累得两脚发酸，两腿疼痛。但这一天又是小薛涛最为高兴的一天，高兴得睡梦中都在不停地抄舀湿纸，不停地追逐竹鸡。这一天，是小薛涛最难得的一天，也是她最难忘的一天，回到驿站的家里后，还时刻期盼着能早日去到茵茵家里玩耍。

八

时光荏苒。薛郧父女与老槽户一家人你来我往，不觉间三年过去。

三年来，薛涛随父亲在老槽户家进进出出，与茵茵父亲跟前撵后，耳濡目染，了解了造纸的各道工序，掌握了抄纸的基本技能，对纸多了一份情结，多了一份情感，多了一份情愫。

三年间，小薛涛长到了14岁，长成了大姑娘，出落得亭亭玉立，楚楚动人。

只可惜薛郧官场不顺，这一年被派出使南诏。薛涛也只得随父离开南安，离开一生中最开心开怀、最难以忘却的茵茵家的瓦屋，以及瓦屋外的造纸作坊。

薛郧出使南诏不久，沾染了瘴疠，不幸病逝。母女俩的生活立刻陷入困境。纯真无邪、无忧无虑的薛涛，不得已，依靠父母双亲给予的天生丽质，凭借学问深厚的父亲教给她的良好教育："通音律、善辩慧、工诗赋"，加入乐籍，成了一名营妓（类似于现在的部队文工团演员），这一年她刚满16岁。

几经磨砺，薛涛的才情美貌名动蜀中，与刘采春、鱼玄机、李冶，并称唐朝四大女诗人；与卓文君、花蕊夫人、黄娥，并称蜀中四大才女。

时任蜀中节度使的名臣韦皋，听说薛涛诗才出众，且出身不俗，是官宦之后，就把她招来，要她即席赋诗。

薛涛即席写下一首《谒巫山庙》：

乱猿啼处访高唐，一路烟霞草木香。
山色未能忘宋玉，水声尤是哭襄王。
朝朝暮暮阳台下，雨雨云云楚国亡。

惆怅庙前多少柳，春来空斗画眉长。

韦皋看后赞叹不已，让席间众宾客传阅，大家也都叹服。

在韦皋的帮助下，薛涛名盛一时。她的艳名随巴蜀江水越流越远，与文人雅士的交往越来越广，与不俗之客的诗歌唱和也越来越多。

古时文人雅士的诗歌唱和，多是在一张纸上写一首律诗或绝句。但当时的纸张，尺寸较大，以大纸写小诗，浪费倒不要紧，要紧的是不和谐，不好看。于是乎，薛涛回忆起了在南安用小竹帘抄纸的往事，决意在寓居的成都浣花溪畔，办作坊，请工匠，改尺寸，造专用纸，做小诗笺。

身为诗人且擅长书法的薛涛，生活中无日不与纸接触，对纸的体验深透熟悉．对纸笺的改进要求也真切而有见地。很快，便改进抄制出了一种形制与现代信笺宽度相近，长度约二三寸的新式纸笺。这种纸笺一张足够写一首诗．如果不够，还可继以第二笺，避免了每用必裁的麻烦，对纸张也大为节约，因而很快风行起来。

意态高昂的薛涛，没有满足于一时的成功，她总觉得小笺的纸色太单一，搭配不上诗词歌赋的丰富多彩、纵横驰骋的广袤意境。

一生酷爱红色的薛涛，常常穿着红色的衣裳在浣花溪边流连，随处可寻的红色芙蓉花常常映入她的眼帘，制作红色笺纸的创意也随之进入她的脑海。于是，薛涛便把红色的芙蓉花，红色的鸡冠花、红色的荷花，以及不知名的、能采摘到的各种红色花瓣，捣成泥再加清水，经反复实验，从中成功提取到红色染料，并加进一些胶质调匀，用毛笔或毛刷把提取的红色染料一遍一遍地均匀涂在纸上。之后，再以书夹熨纸，用吸水麻纸附贴色纸，一张张叠压成摞，压平阴干，做出了殷红色的小彩笺纸。为了变化翻新花样，薛涛又用各色花、叶，成功制造出了深红、粉红、杏红、明黄、深青、浅青、深绿、浅绿、铜绿、残云十种颜色的小彩笺纸，轰动一时，被誉为“薛涛笺”。

“薛涛笺”为书写短诗而精心设计，精心加工，呈便笺状，方便实用。“薛涛笺”色彩斑斓，打破了纸张单调沉闷的色调，深受文化名流青睐。薛涛用自己精心制作的小彩笺纸，题上诗句，赠送给那些她认为相宜的文人墨客，使其名扬当时，载誉至今。

唐末诗人韦庄，为赞誉薛涛在浣花溪制作彩色纸笺，在《乞彩笺歌》一诗中写到：“浣花溪上如花客，绿阁深藏人不识。留得溪头瑟瑟波，泼成纸上猩猩色。”明朝何宇度在《益部谈资》中说：“蜀笺古已有名，至唐而后盛，至薛涛而后精。”《天工开物》也载：“入芙蓉花末汁，其美在色……”

“躬撰深红小笺，裁笺供吟，应酬贤杰”，薛涛的才情与纸张的气韵相辅相融，成了手工造纸中的一段柔美传奇。如今，“薛涛笺”虽已散佚四方，而夹江造纸博物馆所陈列的传统古笺、笺谱、蜀笺、彩笺等，依稀可见薛涛当年气韵高雅的万千风采。

结束语

传说毕竟是传说，就薛郧在夹江的官职来说，有两种说法：一是“平羌驿吏”，二是“南安驿吏”。就驿站的地址而言，也有在乐山与夹江交界的甘江一带之说。

好在本书不是在作历史的研究与考证，只是以薛涛幼年时期曾随父亲薛郧在夹江学习造纸的真实传闻为线索，演绎一段薛涛与夹江纸乡真切感人的历史故事。取“南安驿吏”和木城驿站为故事的生发地，主要是从薛涛的父亲薛郧所处的年代，被贬谪后的官职，与唐高祖武德元年（618年）在此设南安县的历史大背景较为接近。旨在借由其地，通过精细的描写和刻画，运用文学艺术的强烈感染力，吸引力，特写唐代夹江纸乡的魅力，放大薛涛与夹江纸乡的情怀，亮丽千年纸乡夹江的璀璨。从而，让薛涛在夹江的美丽传说，与夹江厚重的纸文化，地方特有的乡土文化，融为一体，交相辉映。

第三章　康乾盛世谱写纸乡辉煌篇章

引　言

源于东汉，始于隋唐的夹江手工造纸，一代一代地传承，一代一代地发展，一代一代地进步。到宋代，竹纸制作技术日益成熟，加之夹江得天独厚的竹纸原料资源，以及眉山刻印业的兴旺发达，夹江竹纸生产异军突起，蓬勃发展。到明代中期，夹江竹纸已经广泛用于文化教育，经济贸易，渗入到人们的生产、生活诸多领域。

进入清代，特别是康熙、雍正、乾隆三朝，中国封建社会在原有的体系框架下达到极致，一个统一的多民族国家得到巩固，清朝封建专制制度走向鼎盛。受时代的影响，中国的传统造纸行业在造纸原料、造纸技术、造纸设备和造纸加工等方面，都集历史上的大成，达到历史上的最高峰。这一时期，夹江造纸技术已完全成熟，纸的产量、纸的质量、纸的用途都处于比过去任何时期更高、更新的发展阶段，成为社会重要的商品产业。清康熙二十二年（1683年），夹江所造“方细土连”，被钦定为朝廷贡纸，成为皇家生活用纸。清乾隆四十一年（1776年），夹江所造“长帘文卷”，被朝廷选中，成为“文闱卷纸”，专用于清朝科举考试试卷。康乾盛世，夹江手工造纸创出了国家级品牌，走向了盛世辉煌。

在纸乡夹江，提起“贡纸”的光荣历史和上解“文闱卷纸”的辉煌往事，人们无不感到骄傲，感到自豪。

一

人类社会的进步，离不开科学技术的发展与进步。

科学技术开拓生产力，创造高度发达的物质文明，推动社会经济发展，促进社会精神文明建设。

两宋时期，在社会经济、政治、文化全面发展的推动下，科学技术得到了长足的发展，达到中国古代科学技术发展史的高峰，在当时的世界范围内居于领先地位，成了中国历史上科技进步最快的时代之一。中国古代“四大发明”，除造纸术以外的其他三项：活字印刷术、火药、指南针，都是在两宋时期完成或开始广泛应用的。

谭中在所著的《简明中国文明史》一书中说：“宋朝（960-1279年）有319年的历史，18位皇帝，和唐朝像一对姐妹。所谓唐宋时代，中国经济发达、文化繁荣、科技进步，一代胜过一代。宋朝继承了唐朝的体制，吸收了唐朝的经验教训，青出于蓝而胜于蓝。有些国际学者，特别是美国学者，对宋朝的赞赏高过唐朝。”

两宋在世界范围内居于领先地位的科学技术，又以一种空前的威力，向古老中国的社会经济、政治、文化乃至军事的各个领域，多层次地渗透，全方位地影响，不仅对中国文明的发展、社会的进步产生了巨大的推动作用，而且对世界文明的发展，对整个人类社会的进步，也产生了巨大的影响。谭中在《简明中国文明史》中，引述了英国哲学家培根《诸学科的伟大复兴》一书中对宋代中国科技成就的一段高度评价："中国的三大发明'改变了世界的面貌与形势'，在文学方面是印刷，在战争方面是火药，在航海方面是罗盘。"

两宋时期发达的科技成就中，与造纸术密切相关，对纸业发展促进最大的是北宋毕昇发明的"活字印刷术"。

毕昇（约970–1051年），北宋淮南路蕲州蕲水县直河乡（今湖北省黄冈市英山县草盘地镇五桂墩村）人，北宋布衣，宋初为杭州书肆刻工。

我国隋唐时期就已经掌握了雕版印刷术，到了宋朝，雕版印刷事业发展到全盛时期。雕版印刷对文化的传播起了重大作用，但是也存在明显缺点：第一，刻版费时、费工、费料；第二，大批使用过的刻版，存放不便；第三，一旦有错字、漏字，不容易更正。

在杭州书肆做刻工的毕昇，总结了历代雕版印刷的丰富实践经验，经过反复试验，在宋仁宗庆历年间（1041–1048年）制成了胶泥活字，实现活字印刷，完成了印刷史上一项划时代的革新。此项创新成果，比德国人谷登堡发明的金属活字印刷早400多年。

毕昇发明的活字印刷术具有一字多用，可重复使用，印刷多且快，省时省力，节约材料等优点，提高了印刷效率，使印刷术得到普遍推广运用。活字印刷术的发明、推广、运用，对传播知识，促进科学文化事业的进步，促进纸业生产的发展，起到了重大的助推作用。

翦伯赞《中国史纲要》载："北宋的造纸业和刻版印刷业，在量的方面都有普遍的发展，在技术上也有很大的提高。当时有很多城市分别采用竹子、大麻、檀、楮和木棉等不同原料，制造质地不同的纸张。""南宋的造纸业也有普遍的发展。当时印书所用纸张一般都达到薄、软、轻、韧、细的水平。"

两宋时期，以竹子为主要原料的夹江手工造纸技艺，日臻成熟，其文化土纸呈现出质地坚韧、经久耐用、不易受潮变质的显著特点。《中国造纸技术简史》云："宋代后期市场十之八九为竹纸，产量之多可以想见，而竹纸最盛行之地，当推浙江、四川……"其时，夹江手工造纸已名列四川造纸最盛产地之首。到南宋嘉泰年间（1201–1204年）则"独以竹纸名天下，它方效之莫能，遂掩藤纸也"。北宋时期，大书画家苏东坡在眉山时期写字、作画所用竹纸，均属夹江所造。《东坡志林》有其用夹江竹纸作画的记载。

这一时期，夹江文化土纸不只用于写字、作画，最大的用量是在印刷行业。

活字印刷术的发明、推广、传播，使宋代印刷业进入鼎盛时期。印刷业的繁荣为造纸业的蓬勃发展提供了有利条件，而纸张的大量生产又为印刷业的繁荣提供了重要基础。质地坚韧、经久耐用、不易受潮变质的宋代夹江手工竹纸，更为宋代版书的印刷和长期保存提供了优质材料。

宋朝的印刷业分三大系统：官刻系统，民间公刻系统，家庭私刻系统。官刻系统的国子监所刻之书被称为监本；民间书坊所刻的书被称为坊本；士绅家庭自己刻印的书籍属于私刻本。宋朝的印刷业发展迅速，究其原因：一是政府对印刷重视，从中央到地方的很多部门，都从事印刷活动；二是政府对印刷业实行开放政策，民间和私家印刷业十分活跃。在多元、开放的大背景下，在这些印刷业较集中的地区，逐步形成了汴京（河南开封）、临安（浙江杭州）、眉山（四川眉山）、建阳（福建建阳）等四大印书基地、民间印刷业中心。

眉山在宋代能被称为中国四大印书基地之一，得益于夹江纸业的发展。眉山与夹江毗邻，山水相依，习俗相近，县城之间仅相距30余公里。宋代历史上相当一段时间内，夹江与眉山（时为眉州）同属一个行政区域，受其管辖。近年，有研究者考查眉山印制的宋版书籍时，发现其纸张帘纹明显地带有夹江竹纸帘纹的特点。这是宋代时期，眉山和夹江在印刷业和造纸业上，相互融合、相辅相成、相互促进、共同走向繁荣的历史见证。

二

元代历史较短，夹江造纸的记载也少些。不过，元代用夹江竹纸印制的《春牛图》，现在仍陈列在四川夹江手工造纸博物馆

“古今流风”展厅内。这一静静陈列的历史文物，无时不在向慕名而来的参观者，无声地诉说着夹江纸乡当年的成就。

夹江手工造纸有直接史料可考的历史是明代。

明代作者曹学佺撰写的《大明一统名胜志》载：“嘉定（夹江明代时隶属嘉定府，即今乐山市）尖山下皆纸房，楮薄如蝉翼而坚，质可久……”这里的尖山指的就是夹江境内的尖峰山一带。在夹江境内收集到的用夹江手工造纸印刷的明代木刻版书籍、诗稿、文书契约等，证实了到明代中期，夹江竹纸已经广泛用于文化教育，经济贸易，渗入到人们的生产、生活诸多领域，进入兴盛时期。

值得一提的是，在明代嘉靖年间，在夹江纸业发展的同时，与之关联的夹江民间木刻年画也逐渐兴起。据传夹江民间木刻年画，最早是由备受邑人推崇的张庭带入。

张庭生于明弘治四年（1491年），夹江牛仙里人（今马村乡、中兴镇一带），字子家，号蟾西，别号五兀山人。传说张庭青少年时期在夹江青衣江南岸依凤岗上的探原洞以洞为室，潜心攻读十载有余。后又师从嘉定名儒安磐先生，学识大进。明正德十四年（1519年），28岁的张庭考中举人。明嘉靖二年（1523年）登进士榜，初任户部主事，后升任吏部文选司郎中，主办文职官员的选拔、调配、升迁等事宜。他秉公持政，选贤任能，革新吏治，因而结怨于一些权贵，被贬调到云南、湖南、浙江等地任地方官。

在浙江主管水利工作期间，朝中当权的张少师，为了修建台池亭榭以供享乐，竟要拆毁温州河边的数百间民房。对此，张庭极力抵制，说："我宁可得罪权臣，决不让百姓遭殃"，使民房得以保全。明嘉靖十七年（1538年），张庭因在地方政绩卓著，晋升中宪大夫。他遇事敢言，终因直言得罪权贵，不久又遭到权臣打击诋毁。张庭深感宦途险恶，抱负难展，遂辞官归里，时年47岁。

回夹江后，他捐田出钱，兴学育人，办起一座"五兀书院"，自号"五兀山人"，为地方培养人才。他在罢官回乡后的20年，寄情山水，时与友人诗酒唱酬，其诗文古朴隽永。著有《五兀存稿》《元览要略》《岷峨志》《夹江志》等，可惜散失无存。

在夹江县千佛岩万咏崖峭壁上，雕刻着张庭书写的"振衣岗"。"振衣岗"三字，笔力遒劲、厚重雄浑，观之让人为之一振。"振衣"原本为抖擞衣服、振作精神之意，语出晋代诗人左思《咏史》："振衣千仞岗，濯足万里流"，引申为保持自身高洁，去除精神尘污。张庭深感当时世风日下，吏治败坏，在千佛岩悬崖峭壁上大写"振衣岗"三字，警醒过往各级官吏的意味甚浓。

张庭卒于明嘉靖三十八年（1559年），年69岁，葬于青衣江畔的云吟山。张庭乐善好施，兴学育人，著书立说，事迹至今为当地人称颂，被尊为"张天官"，他的墓地所在的云吟山也被称为“张天官山”。

夹江有传，张庭辞官归乡时，带回了一些京城彩绘的门神像。当时夹江的艺人们，利用纸乡造纸的便利条件，经过临摹、木刻，用夹江文化土纸印制了一些线条简单的年画。后来品种逐渐增多，品相逐步提升，遂流传开来，形成产业。贴门神，挂年画，也渐渐成了夹江的民风、民俗。

张庭去世后，为了表达对张庭的尊敬和怀念，夹江木刻年画艺人们又用夹江造的手工纸，精心绘制刻印了张庭的画像，售卖给各家张贴，以表纪念。自此以后，夹江的画师、雕刻工匠们都以绘画雕印张庭像为荣，课徒传艺，广为制作。夹江县的广大百姓，每逢新年都要张贴张庭像或将张庭像馈赠亲友，以表吉祥。

长期以来，夹江年画与绵竹年画、梁平木版年画并称“四川三大年画”。据夹江有关文史资料记载，由明代起源的夹江年画到清代已相当盛行。清代后期，夹江县城近郊的杨柳村、谢滩村一带，已经有生产销售年画的大小作坊20多家，在城内（现在的北街、西街）开设年画店的有七八家，其中最为著名的年画作坊经营者是“董大兴荣”和“董大兴发”。至清末民初，夹江年画年销量最大时超过了1000万份，仅“董大兴荣”一家作坊，一年制作销售的年画就有几十万份，这些年画不仅售卖给本地居民，还远销省内各县及云南、贵州、西康、青海等省区甚至东南亚一带。

关于夹江木刻年画的起源，不只有张庭带入之说，还有多种传说。但不管是哪一种说法，有一点是共同的，那就是夹江年画起源于明代，具有悠久的历史。让人欣慰的是，2008年夹江年画入选第二批国家非物质文化遗产名录，成为继2006年夹江竹纸制作技艺入选首批国家非物质文化遗产名录后，夹江人民的又一荣耀，又一骄傲。

三

到了清代，特别是康熙、雍正、乾隆三朝，中国封建社会的各个方面在原有的体系框架下达到极致，疆域辽阔，社会稳定，经济发展，国力强盛，一个统一的多民族国家得到巩固，封建专制推向高峰，走向鼎盛。

受鼎盛时代的影响，这一时期中国传统造纸技术也达到历史上的最高峰，在造纸原料、造纸技术、造纸设备和造纸加工等方面，都集历史上的大成，纸的产量、质量、用途和产地也都比过去任何时期处于更高的发展阶段。

“康乾盛世”时期的清朝朝廷，对纸的需求量非常大，朝廷用纸来源也非常广泛。一部分出自内廷制作，一部分是按宫廷式样、尺度交由指定的地区制造。另外，还有相当部分来自地方进贡，每年都有数以万计的纸品，源源不断地由各地运送到中央。

“康乾盛世”时期对纸质的要求非常之高，品种类别也非常丰富。在造纸的工序上较明代更为精细，出现了许多品质优良、工艺精湛，不同质地、不同图案、不同规格、用途各异的纸品，可谓五花八门，琳琅满目。

清代初期，夹江手工造纸技术已完全成熟，纸的产量、质量、用途都比过去任何时期处于更高的发展阶段，成为社会重要的商品产业。

康熙年间，夹江手工造纸随着社会的发展与进步，随着朝廷对纸张需求的加量和提质，乘势而上，进一步改进工艺，提高纸质，使已经成为地方重要商品产业的纸业得以迅猛发展。康熙《夹江县志》载："竹纸精粗大小皆备……售之下南、川东等地。精者用作书笺，粗者用作神楮。"即在生产"书笺"（书写纸）的同时，还生产供民间丧事用的"神楮"（冥纸）。由此可见，康熙时期夹江纸业生产已经拥有相当可观规模。当时，夹江手工造纸品种多达50余种。按规格分，可分大纸与小纸，大纸有连史、对方、水纸等，小纸有贡川、川连、印纸等；按颜色分，可分为白色纸与染色纸，白色纸有贡川、粉报纸、土报纸、水纸、老连纸，染色纸有银朱、冲朱、巨青、松尖等；按纸的用途分，又可分文化用纸和生活（包括神楮）用纸，文化用纸中，又分本色与漂白两类，本色纸有对方、贡川、老连纸等，漂白纸有粉对方、粉贡川、粉水纸、粉连史等，生活用纸有印纸、黄白中连、方细土连等。

四

清康熙二十二年，即1683年，夹江所造“方细土连”创出了国家级品牌，被钦定为朝廷贡纸。夹江手工造纸跃上了新的台阶，走向了历史的辉煌。

一段历史的辉煌，是一段特定历史时期“天时、地利、人和”的综合体现。就夹江造纸成为朝廷贡纸而言，有康乾盛世的光照，即所谓的天时；有纸乡得天独厚的造纸原料资源，即所谓的地利；还有全县上下的齐心协力、同舟共济，即所谓的人和。

“人和”离不开“政通”。清康熙二十一年（1682年），带领夹江人民奋力进取，制作宫廷贡纸的“皇清名宦”孙调鼎，调任夹江县令。

《四库全书》四川通志卷七《皇清名宦》载：“孙调鼎，字燮臣，正白旗人。康熙二十一年由监生知夹江县。政平讼息，吏治称最。”

正白旗是清朝八旗之一。八旗又分上三旗和下五旗两类。上三旗是正黄、镶黄、正白，多归皇帝自领，地位最高。下五旗是镶白、正红、镶红、正蓝、镶蓝，重在守卫京城外域。孙调鼎“正白旗人”，指的是他出身上三旗中的皇家亲军、近臣家庭。又因其“吏治称最”故而列入了《四库全书》的《皇清名宦》中。

监生，是国子监学生的简称。国子监是明清两代的最高学府。孙调鼎“由监生知夹江县”，指孙调鼎是清代最高学府国子监的一名毕业生，用现在的话说是国家最高学府毕业的高级知识分子。

出生好，学历高的孙调鼎派往夹江当知县，主政夹江，足见康熙对夹江县非同一般的重视。

孙调鼎调任夹江后，一心为民，勤政务实，清正廉洁，好评如潮。据清嘉庆十八年（1813年）《夹江县志》载：孙调鼎任夹江县令期间，“措置有力，粮刍无误，民获安堵。课士三年，力行不倦，以廉能见称，升授同知。去时士民泣送，不绝于道，入祀《名宦》”。可见，孙调鼎是一位载入夹江史册，荣列“皇清名宦”，深受夹江人民欢迎、拥护、爱戴的清官、好官。

清代最高学府国子监培养出来的孙调鼎，有学识、有头脑、有魄力、有才华，可谓德才兼备。

身为文化人的孙调鼎，看重夹江厚重的历史文化，更注重夹江县的文化建设。他到夹江县任职的当年，就在清康熙十一年（1672年）知县乔振翼重建夹江文庙的基础上，增修夹江文庙。民国《夹江县志》载：经他增修后的夹江文庙，“正殿三间，东西庑各四间，戟门、棂星门、泮池各一、东西坊各一”“泮池外，宫墙万仞坊一”，还有崇圣祠、名宦祠、乡贤祠、忠孝祠、孝悌祠、节烈祠等。现在，夹江文庙只有大成殿保留下来，迁于千佛岩景区之内建造纸博物馆。

孙调鼎到夹江任县令的第二年，也就是清康熙二十二年（1683年），朝廷选用专供皇室家族使用的宫廷用纸。品种繁多，“竹纸精粗大小皆备”的纸乡夹江，自然成为贡纸重要的选地之一。

一心为夹江人民谋福祉的孙调鼎，大为振奋，决心抓住这一大好机遇，充分发挥行政引领作用，锐意进取，创新精品，问鼎宫廷用纸，推进夹江纸业发展和纸文化建设，造福于夹江人民。

孙调鼎“力行不倦”，跋山涉水，深入槽户，调查研究。在他的关心、支持、鼓励下，纸农热情高涨，造好纸，造精品纸，造优质宫廷用纸的积极性大增。

在总结前辈造纸经验的基础上，夹江各乡的纸农对生活用纸中反应较好的“方细土连”，展开了进一步提高质地的研究创新工作。大家选用4至5月所产的水竹、白甲竹为主要原料，取其头刀与颠稍中的优质部分，严格按造纸工艺的15个环节，72道工序，精心制作，反复实验，成功抄制出了纸质细腻，不伤肌肤，洁白、平整、绵韧、吸水性强的优质生活用纸。

夹江纸乡选送的“方细土连”贡纸样张，送到皇宫，经内廷制造局专业技术人员技术鉴定后，与验收合格的各地选送的优良样品，一并呈康熙皇帝钦定。在众多的贡纸样品中，夹江选送的“方细土连”力压群芳，脱颖而出，大受康熙皇帝青睐、喜爱，被钦定为皇宫的高级生活用纸。

消息传回，夹江人民无不欢欣鼓舞。全县上下，城乡各地，锣鼓喧天，鞭炮齐鸣。纸乡槽户，更是欣喜若狂。大家抬着蔡翁行身，举着贡纸样张，吹响唢呐，舞动狮子，四处巡游，八方宣告。兴奋感、自豪感、成就感、如潮水奔涌，似火山迸发。

从那时起，夹江手工造纸的质量跃上了新的台阶。

从那时起，夹江手工造纸的知名度响彻了大地。

从那时起，夹江手工造纸叫响了质优价廉的品牌效应。

更重要的是，从那时起，夹江纸农的地位大大提高，一个个扬眉吐气，神采奕奕。

可不，皇上满意，县衙生辉。县令孙调鼎内心的喜悦不亚于纸农。康熙钦定夹江生产的“方细土连”为宫廷贡纸不久，内廷制造局就将核定的宫廷贡纸规格、尺度、式样下达夹江县，交由县衙组织生产，按时解贡。以民生为本的孙调鼎，不偏重大户，不另眼小户，一心想的是要让全县槽户都动起来、干起来、日子好起来。于是，他破天荒地叫下属将上宪制定的贡纸纸帘样张陈列于县衙大堂内，通令全县所有槽户，不论大户小户，都可直入县衙大堂内量裁帘样，照帘样制造贡纸，只要纸质达到要求，一律上解。

俗话说；“衙门朝南开，有理无钱莫进来”。孙调鼎坐镇的夹江县衙，衙门虽是朝南开，但全县从事造纸的槽户，不论大户小户，也不论有钱无钱，都可随意进出，不受限制。这是何等的开明，何等的爱民，何等的让人刮目相看。

难怪乎，孙调鼎在夹江县任职三年，就“升授同知”。

也难怪乎，在孙调鼎调离夹江之时，“士民泣送，不绝于道”。

爱民之人，人人爱之；敬民之人，人人敬之。古今中外，人之常情。

五

到了乾隆年间，清王朝进入鼎盛时期。

乾隆在康熙、雍正两朝文治武功的基础上，进一步完成了多民族国家的统一，进一步推进了社会经济、文化的发展，使清王朝达到了“康乾盛世”的最高峰。

乾隆在位期间，纸的制作工艺已经达到了相当高的水准，纸品种类更为丰富繁多，制作更为优质精良，加工更是推陈出新，出现了许多工艺精湛，不同质地，不同图案，不同规格，用途各异的纸品。

纸的种类越来越多，这也为高质量的宫廷用纸生产奠定了基础。那时，宫廷生活用纸的高标准、严要求自不用说，对朝廷用纸，更是要达到精制、极致。至于乾隆的圣旨、御笔题诗或临帖用纸，那更要专工制作，精中选精，必是精品中的精品、上乘中的上乘。

皇帝和朝廷的各种极品用纸，体现了乾隆时期传统造纸技术巅峰水平，在中国造纸史上具有重要的历史地位。

在高级、高质、高标准，严格、严厉、严要求的乾隆时期，夹江竹纸乘势而上，勇攀高峰，不仅入选宫内，还荣登朝廷。

清乾隆四十一年，即1776年，继清康熙二十二年（1683年）夹江竹纸精品“方细土连”入选宫廷生活用纸之后，夹江生产的具有洁白、平整、绵韧、吸水、保墨等特点，特别适宜毛笔书写的“长帘文卷”，被朝廷选中，乾隆皇帝御笔亲试后，大为欢心，钦定为专用于朝廷科举考场的“文闱卷纸”，上贡朝廷。

这是夹江竹纸再登龙门。

这是夹江纸农又一荣光。

这是夹江造纸史上又一辉煌。

2005年10月28日，中央电视台播放了一个专题片，片中展示了200多年前夹江上贡的“文闱卷纸”试卷。更让人惊奇的是，这份试卷恰好是夹江举人考中进士的“殿试”试卷。卷首文字为：“应殿试举人臣宋恂，年三十五岁，系四川嘉定府夹江县人。由监生应乾隆元年乡试中试，由举人应乾隆四年会试中试，今应殿试。谨将三代角色并所习经书开具于后……”

夹江人用夹江上贡的长帘“文闱卷纸”参加殿试的试卷镜头，让纸乡夹江人民欣喜不已。的确，从清乾隆四十一年（1776）解送“长帘文卷”，到清光绪二十七年（1901年）举行最后一科进士考试为止，夹江上贡长帘“文闱卷纸”纸张共有3000余万张，约合150余吨。至今，夹江手工造纸博物馆还保存有清代贡纸样张，北京故宫博物院还保存有清代夹江上解的“文闱卷纸”“殿试”试卷。这些实物样品和中央电视台播放的这一个专题片，见证着千年纸乡夹江的厚重历史，光荣历史，辉煌历史，璀璨历史。

科举是中国古代读书人参加的人才选拔考试。它是历代封建王朝通过考试选拔官吏的一种制度。由于采用分科取士的办法，所以叫作科举。乾隆年间，朝廷对科举考试极为看重，对试卷用纸的要求也非常高，非常严。夹江生产的“长帘文卷”，能被乾隆青睐，钦定为“文闱卷纸”，决非一件容易的事情，没有精制、极致、上上乘的优质，是不可能被选中的。

据夹江县文体广电旅游局编印的《蜀纸之乡》介绍，作为优质贡纸，长帘“文闱卷纸”在制作上的确有着极为严格的规定。

首先是选料严谨。长帘“文闱卷纸”是科场用纸，平整、绵韧、吸水、保墨、宜笔锋为其主要品质，因而用料极为讲究。在用料上，长帘文卷纸选用水竹和白甲竹的中段二刀、三刀。这两截竹料纤维长短适度，粗细均匀，制作的书写用纸平整而绵韧。

其次是制作工序一丝不苟。上贡的长帘“文闱卷纸”纸张，严格按照《天工开物·杀青》所载之工序生产。即按：水沁、槌打、浆灰、蒸煮、发酵、捣料、抄捞、榨焙等72道工序制作，不可“稍有疏漏”。

第三是“三检四验，按时上解”。长帘“文闱卷纸”生产出来后，必须经过纸帮、县衙、布政使司等三重机构的严格检查，确保每张贡纸无缺边，无破损，尺寸满，数额足，才能签章放行。上贡纸张的时间也有规定，必须在每年新纸上市之前上解进京，才算是“不违大典”。

夹江纸乡的纸农们能突破如此严格的规定，高质量、高时效造出专用于朝廷科举考场的长帘“文闱卷纸”，直到科举终结，没有吃苦耐劳的素养，没有精益求精的品质，没有自强不息的精神，是不可能做到的。

回首历史，瞩目辉煌，勤劳、勤奋、聪慧的夹江纸农们，怎能不令人肃然起敬呢！

六

夹江手工造纸能在“康乾盛世”及其以后的相当长的一段时间里，创造出前所未有的辉煌，与政府及一些勤政为民的官吏对夹江纸业的保护密不可分。

清康熙二十一年（1682年），康熙皇帝将夹江生产的“方细土连”钦定为贡纸，用于皇室家族后，清政府就开始减免纸农税收，一直延续到清代中期。据记载：清代中期，夹江官府每年收取的各种税赋合白银7000余两，分为：田赋、油捐、肉厘、矿税、硝税、店税、酒税、房捐、烟灯捐等，数不胜数。而在这众多的税赋中，唯独没有纸税的记载。夹江早在清代初期就被誉为“蜀纸之乡”，其手工纸产量占全省一半以上，按理，纸税在夹江的税收中应占相当大的比例。然而，清代夹江官府在相当长的一段时期内，却没有收取纸农的税赋，这不能不说是清政府对夹江手工造纸业的一种特殊扶持。

乾隆四十一年（1776年），夹江生产的“长帘文卷”纸，被钦定为专用于朝廷科举考场的“文闱卷纸”后，清政府就开始由朝廷和地方政府分担夹江贡纸的部分费用，对夹江纸农进行补贴，用以激励纸农的生产积极性，保障“文闱卷纸”优质高效，按质、按量、按时足额上解，并以此促进夹江纸业的传承和发展。

在政府大力扶持，纸业快速发展的同时，也带来一些社会矛盾。

康乾时期，夹江从事造纸业的农户主要分布在两个区域，即以青衣江为界，分为河东片区与河西片区。河西片区包括华头、木城、南安、龙沱、歇马等地，主要生产川连、对方、印纸等较为低档的生活用纸，又称小纸；河东片区包括马村、漹城、迎江、中兴（大路坎）、黄土（茶坊）等地，主要生产“长帘文卷”“方细土连”等高档的书画用纸，又称大纸。

一段时间内，夹江纸农因解送“文闱卷纸”的经费问题引发矛盾，互相控诉，引起朝廷重视。经布政使调查、协调，对夹江贡纸补贴银两分配做出定案。据《夹江县志》（民国版）载：“前清科举时代，因解文闱卷纸互相控诉，曾于康熙二十二年（1683年）

及乾隆四十一年（1776年），屡经布政司定案，以雅河（即青衣江）划界，分东边为河东，分西北边为河西。以东边认解科场长帘文卷纸，由大宪（朝廷）发下少数银两，照来帘样定造纸十余万张，方细土连纸一万余张。河东大纸户即造高阳、对方、水纸、土连各样大纸，河西小纸户即造印纸、川连、贡川小纸，县衙大堂石板曾定有长帘纸样。每逢考试年，河西酌给河东神袱帮费银四两六钱，以及时解送不违大典之意。”这一定案，使纸乡保持了250余年的社会稳定，直到清末停止科举后，解纸才得以废止。

到了清代中后期，随着清王朝的日渐衰落，各种社会矛盾日益严重起来，直接影响了广大纸农的生产积极性，严重妨碍着夹江造纸业的发展。

清道光年间（1821–1850年），迎江蔡翁会以举办祭祀纸圣的庙会为缘由，向会众过重摊派钱款，巨额的款项压得纸农喘不过气。不少纸农因不堪重负，纷纷歇业。这种情况引起了刚到任的县令裴显忠的高度重视。

裴显忠，字澹如，福建闽县籍顺天大兴人，嘉庆举人。清道光初年，调任夹江县令。裴显忠到任后，得知迎江乡蔡翁会首向会众过重摊派钱款，严重影响当地纸业发展一事，立即派人深入细访，周密调查，拿获证据。在掌握大量有力证据后，裴显忠派衙役将迎江乡蔡翁会首们拘拿县衙，严加审讯。在确凿无误的证据面前，会首们一个个认罪告饶。

裴显忠当众做出判词：“情殊刀险，尔等忘却了各人衣食之源，以科场大典题目牵连巧饰，尤为可恶。本该从严惩治，姑念浅民无知，免于深究，嗣后，各地蔡翁会首，俱着遵照前署任之断案，一切不得牵连他处，不准定数敛银。尔等欲以此欺人，违此即违典章。姑宽此次，此后如违，责罚并殇。”

县令裴显忠为减轻纸农负担，惩戒迎江蔡翁会首的这件事，深得人心，全县纸农大加赞颂。大家把此事记刻在石碑上并竖立于蔡翁庙前，既褒奖县令，又惩戒后者。如今，刻有县令裴显忠判词的石碑，仍竖立在千佛岩不远处的古佛寺前。

据《夹江县志·风俗》载：裴显忠在离任之时，对夹江民风高度赞扬，对夹江纸业及广大纸农念念不忘，曾赋诗一首以志感戴不忘。其诗曰：

民劳俗俭古风遗，
龙脑滩头泾水流，
国课早完身莫累，
农纸无旷家家乐。
寄语夹江诸父老，
竹麻蜡树好扶持。

青衣江西岸华头镇黄村在清代时期，傍稚川溪的乡民以耕种为主，居山乡民多以手工造纸为业，为夹江河西主要的产纸地域。康乾时期，按照布政使有关对贡纸补贴银两分配定案，黄村三角沱一带酌给河东的会银四两，外给酒资银五钱由该村的苟、黄、周经收，一齐完纳，80余年间并无混乱。

到清同治七年（1868年），出现了加派、滥派、乱摊派经费的情况，“大催张福钦浮派苟、黄、周单头，混收白银数十两。”大大加重了纸农负担。张福钦加派、滥派、乱摊派的恶劣行径，引起当地数十家槽户的不满，向县衙提出控告。经刘县令及县衙官员从中协调、劝解，得以有效制止。

为避免类似行为再有发生，在缺乏法律公证的历史条件下，当地纸农在黄村栅子门的大路旁，竖立一块高1.55米，宽1米，厚约0.1米的《槽捐碑记》石碑，以示公告，以作公证。

《槽捐碑记》碑文如下：“今因苟、黄、周为纸户，置买田土一份，坐落马咡岩坝中间，实计价银五十五两正，故此千碑一通永远为计。今夫利兴害赏，相为侍伏者也。有一利之兴，必有一害之起。既有一害起，则不可无一利之兴。夫利之兴也，兴于何人则君子是；害之起也，起于谁氏则小人是。故君子兴其利，也不惟利已，而且利人。小人起其害，也不惟人，而终害已。然则世无君子，则小人之贻害必深也。世无小人，则君子之大公安显哉！即我溈北稚川该纸户一事，逢科场之年，文卷纸张水供，系故地办理，其河西一带帮及河东，约有数百年矣！不意乾隆丙午科，有河东浮派河西，黄正武、罗世成不服，具控在案。蒙县主讯明，共三角沱系连封之地，任归苟、黄、周经收，一齐完纳，至今八十余年，并无混乱。突于同治六年，有大催张福钦浮派苟、黄、周单头，混收白银数十两。而我苟、黄、周仅会银四两，外给酒资银五钱，已有旧例。张福钦何得多收？若此，所以不服，又复控在案，并将先年河东催头争识殊批呈缴殊纸。福钦自认情虚私逃，未能雷讯。蒙大邑侯刘大老爷堂前房班等，从中劝解，不如回家议叙。捐资置买田地，竖碑勒石，每年收租发赏，完纳纸笔银两，以免倘时周章，致生弊端，连累子孙受害。其时有苟、黄、周首事等，倡先为首而乐，徒者约数十家，不惜鉴殊，集腋为裘，以为永远之计。敢曰：息功好。我云：尔庶我从此赋薄徭轻，早免催科之苦，兴利降害，以绝滥派之端也。大清同治七年立”。

另据载，清同治十一年（1872年），惠庆出任夹江县令，惠庆奉朝廷文书采办“贡纸”和“文闱卷纸”。为维护纸农利益，保护夹江纸业的发展，在采办“贡纸”和“文闱卷纸”时，惠庆严厉打击“私派”之风，禁止征收“篁锅捐”。他还筹资兴建文化宗教场所，禀请免除夹江“洋药厘金”，为夹江人民做了诸多好事，深受夹江人民爱戴。为表达对惠庆的爱戴，彰显惠庆县令的政绩，夹江有人发起建造了一处“惠灵庵”。《夹江县志》地名志载：“惠灵庵”即夹江人“以惠灵名之，以志惠公之绩也”。现在的夹江中学有一部分就是过去的“惠灵庵”所在地。

封建国家的县级地方官，一方面是封建王朝派驻地方的官吏，身负朝廷重托，担负着富一方财政，上缴尽量多的赋税的职能。为了加强对地方政权的控制，巩固清王朝的统治，清代自康熙以后，直至清末，都把“清、慎、勤”作为座右铭，当作为官之道，用以加强对地方官吏的考核、任免；另一方面，县级地方官又被当地老百姓称为“父母官”，负有保一方老百姓安康的义务。他们的各种表现，他们的所作所为，他们的是非功过，在当地的老百姓心中都有一把秤，无时不在掂量着、评判着、宣扬或抨击着。从夹江存留的碑刻文字和有限的文献资料来看，在清朝衰落之前，不少夹江县的县令及地方官员，受大清王朝“清、慎、勤”标准的考核约束，为地方百姓政绩评价、口碑褒奖的顾忌，基本上做到了轻徭薄赋，尽力减轻或减免槽户纸赋负担，较好地扶植、支持了夹江纸业的发展。深受夹江人民爱戴的孙调鼎、裴显忠、惠庆等，实属众多夹江县令及地方官员中的杰出代表。

七

夹江纸业能在清朝衰败前的相当长时期内保持稳定发展，除地方官府的保护之外，还有赖于广大纸农的自我保护意识。

为了加强对竹林等造纸原材料的保护管理，槽户自发组织了“禁山会”，派人看守和组织巡逻竹林。在夹江麻柳、歇马、迎江等乡镇，至今仍保留着一些清代“蔡翁会”“禁山会”保竹护林的石碑文告。

清咸丰五年（1855年），歇马乡一碗水“禁山护林碑”文告载：

“四川嘉定府夹、峨、洪三县加三级记录五次。

为禀请示禁以安农业事案。据地方保党正首事罗姓等禀称，情正等保党大半居山，全靠栽竹木抄纸为生，小春杂粮为活。被无耻之徒每遇竹林长发，夏粮成熟之际纵使少男妇幼以藉捡柴割草为名，乘间盗伐竹木，扳折小春宣苗。一经事主捉获，男则捏称诬良，女则告奸诈害，敢怒不敢言。种种不法，殊堪痛恨，理合秉公赏示，严禁地方而安农业，四民沾恩……倘敢不尊业主标记，不听口示，妄禀诬告，定严查究。”

又有碑载：

“具告坝上来往人等，我夹、洪之交两界，荒郊远岭之地，山多田少，全靠惜竹造纸为生，上完国课。痛遭坝上不法之男女入林盗伐竹木，四山受害，扰害难堪，难以护惜。化众捐禀官示禁。通知：一、不许坝上少男妇幼入林捡干竹柴薪，我山男女亦不准入他人之林捡取竹木，一时被捉，扭送禁山会凭法纪论处；二、不许有畜之家拴在他人林中践踏竹笋，绊断竹母子，主人一见，定有重罚。各管各界，随时看守。如违不遵，扭送禁山会充罚……因我山不法之徒甚多，或连界窃伐，有坏山规，有违法纪，因首事合议出贴。”

这些碑帖文告，配合着官府公文法规，形成了清代纸业保护的法律体系，成为夹江纸业保护的有力武器。在清代早、中期。

夹江手工造纸正是在这些保护措施的护持下，有了较大的发展，以至达到“川中半资其用”的规模。

结束语

夹江纸业在“康乾盛世”荣登皇室宫廷，灿烂辉煌。在之后的相当长一段时间，仍保持了长期稳定的发展。同治《嘉定府志》载：“今郡属夹江产纸，川中半资其用。”可见在当时，夹江纸业生产规模之大，产量之多，顶了四川半边天。民国《四川手工纸业》刊载的一篇“四川手工造纸调查报告”谈及夹江纸业时指出：夹江“造纸技术甚精，川省其它各区无出其右者”。说明清朝时期夹江造纸技术领先全省，名列前茅。

当我们徐徐展开千年纸乡夹江的历史画卷，欣喜宋代的繁荣，明代的兴盛，清代“康乾盛世”夹江纸业的灿烂辉煌时，我们清楚地看到：夹江纸乡的繁荣兴旺，夹江纸乡的灿烂辉煌，大写在勤劳智慧的夹江纸农们创造性的劳动中，大写在勤政爱民的众多夹江官员的政绩中，大写在中华文明璀璨耀眼的历史史册中。

第四章 抗战翘楚承载纸乡丰功伟绩

引 言

1840年鸦片战争后，清朝由盛转衰，到清代晚期走向没落。中国传统造纸业，也随着封建统治的衰落而进入低谷。

民国时期，特别是20世纪30年代，军阀混战及刘湘发动的对中国工农红军的大规模围剿，给四川人民带来了巨大灾难，夹江纸业陷入困境，日渐不振。焦急万分的夹江纸业公会黄永海等人，将这一严重情况写成调查报告，上书政府，恳请迅予救济。

1937年7月7日，日本帝国主义蓄意制造“卢沟桥事件”后，向中国发动了大规模的侵略战争，疯狂掠夺我国领土，华北、沿海相继沦陷，国内主要产纸区被日寇占领。

非常时期，纸张奇缺，偌大中国一纸难求。

纸是舆论的载体。舆论是无声的武器，是匕首，是投枪，是动员全国各族人民奋起抗战的精神子弹。极端重要的纸又极度奇缺，身为抗战统帅的蒋介石，对黄永海等人的报告自然极其重视。

1937年8月31日，蒋介石行管训令四川省政府：“据夹江纸业公会黄永海等呈，以土纸破产，恳请迅予救济……令仰该省政府迅拟救济法，呈后核夺！”并加盖“蒋中正”的印章与签字督促办理。

抗日战争的爆发，蒋介石的一纸训令，给处于极端困难时期的夹江手工造纸业，带来了重振的良机，萌动了发展的生机。

身处四川西南一隅的夹江纸农们，谁也想不到在极其困难时期，因为抗日战争的缘故，因为蒋介石一纸“拯救批谕”，因为国民政府迁都重庆，迎来了难得的“黄金时期”。

夹江纸乡人民以极大的爱国热情，以勤劳智慧的双手，以日夜不停的艰辛劳动，以生产数量巨大的抗战急需的新闻文化用纸的实际行动，为抗战的胜利，做出了一份特殊历史贡献。

一

清朝“康乾盛世”及其影响力延续了一百余年，到1840年鸦片战争后，外国列强的疯狂掠夺和殖民压迫，使封建王朝由盛转衰，到清代晚期走向没落。

翦伯赞《中国史纲要》第八章第一节“鸦片战争”载：1840年鸦片战争后，“中国社会从此发生了根本的变化。中国的主权被蹂躏了，中国封建经济遭受外国资本主义愈来愈严重的破坏和控制，中国社会开始转化成为半殖民地半封建社会。”

历史无情，明清时期达到历史高峰的夹江传统手工造纸业，也随着清朝封建统治的衰落而缓慢衰退。

封建王朝的由盛转衰，对夹江手工造纸业带来较大影响。

首先，夹江纸农引以为荣的上贡朝廷的皇家生活用纸“方细土连”，因清王朝的衰落，数量锐减。

其次，1905年9月2日，光绪皇帝颁下谕旨，向全天下宣布："所有乡、会试一律停止。"宣告了古代中国科举制度的终结，至此，历经1300多年的科举制度终于退出了历史舞台。清朝由国家正式举行的科考分为三级：乡试、会试、殿试，还有分为县试、府试及院试三个阶段的所谓童子试，每年"文闱卷纸"用量之大可想而知。废除科举后，专用于清朝科举考场的"文闱卷纸"更无用武之地，直接影响了夹江纸广阔的销售市场，进而影响到产量的变化。

与此同时，用于科举考试的"文闱卷纸"停用后，广大纸农不但失去了朝廷补贴，之前较低的纸张贡赋税也被一种名为"架槽税"的赋税取代，这种税占到产值的5%至15%，加重了夹江纸业的发展成本，致使清代晚期夹江手工造纸业发展的步伐已然放慢。

虽然如此，但总体而言，从清代末年到民国初期，夹江手工造纸还是处于缓慢的发展之中。

清代末期的1902年，四川政府先后成立了一系列负责发展四川工商业的机构和组织，开展了一些具体的劝业活动，为夹江纸业发展提供了一个良好的政治环境和行业氛围，在客观上产生了一些积极效应，夹工纸业因而得以缓慢发展。

民国初期，1919年夹江开设劝业会（局），专管手工造纸和地方手工业。从那时起，夹江手工造纸业有了官办的管理机构。与之相适应，"造纸促进会""纸业同业公会"等新型民间组织也相继成立。在地方政府的保护和纸农自我保护下，夹江纸业凭借良好的品质得以继续发展。

1920年前后的一段时期，无论官方还是民间有关夹江造纸业的报告，对夹江造纸业都给予了高度评价，称赞为“四川伟大的手工业之一”。

二

民国初年，特别是20世纪20年代，各路军阀混战，将四川安宁祥和的局面击得粉碎，将四川人民的平静生活推向战乱的深渊。被赞为“四川伟大的手工业之一”的夹江造纸业，也由缓慢发展逐步走向衰落，跌入低谷。

据1932年出版的《四川内战详记》统计，自1911年辛亥革命后的近20年间，四川共发生大小军阀战争478起，其中规模较大的战争就达到29次，几乎每年都有大规模的混战发生。在这混战的近20年间，四川经过一系列腥风血雨的吞并混战后，土地渐渐由八大军阀巨头瓜分，形成了别具一格的“防区制”。每一个防区的驻军长官可直接任命地方的行政长官，而这些行政长官往往也都是由驻军军官担任。他们利用手中握有的军政大权，在自己的防区内为所欲为，包括任意扩充军队、自由征税等。自古以来田赋都是一年一征，可在军阀“防区制”统治下的四川，这个自古以来的公理被防区的驻军长官“勇敢”地打破。各路军阀不仅在各自的防区内肆意敛财，而且把庞大的军费开支转嫁于民，肆意收取高额田赋，可以一年两征、三征、四征，最多的时候竟然达到一年八征。

到了20世纪30年代初，经过长期的混战，四川的一些老牌实力派，如熊克武、刘存厚、杨森等人，或失败下野，或被严重削弱实力，都丧失了争夺四川霸权的能力，而刘湘与刘文辉叔侄二人，则脱颖而出成了最强大的两支军阀势力。

1932年10月1日夜，四川最大的、也是最后一次的军阀混战“二刘大战”打响。战争自1932年10月起，到1933年9月刘湘战胜刘文辉独霸四川止，前后近一年，战地绵亘川西、川北、川南数十县，动用兵力30余万人，四川大小军阀几乎全部卷入。这次战争死伤兵员、百姓数以万计，损失财产无以计数。

1932年12月，中国工农红军第四方面军入川，在陕西和四川边界创建川陕苏区。

1933年10月，一心要剿灭中国共产党及其领导下的工农红军的蒋介石，在调集50万大军对中国共产党中央苏区发动大规模围剿的同时，任命时任四川省主席刘湘为四川“剿匪”总司令，限期将川陕边区红军肃清。

登上“四川王”宝座的刘湘，踌躇满志，誓言三个月内剿灭红四方面军，荡平川陕苏区。为达此目的，刘湘不惜举全川之财力、物力、军力，调集四川所有兵力共110个团20余万人，分六路对中国工农红军第四方面军展开大举围攻。

刚摆脱20余年军阀混战的四川，又陷入了更大规模的烽火战乱中。各路军阀，以“围剿共匪”为名，强行拉丁、征税、派粮、派款，灾难深重的四川人民再一次陷入水深火热之中。从全省看，至少有三分之一以上的人，常年处于饥饿半饥饿状态。“三月杂粮三月糠，三月野菜三月荒”，这就是当时四川底层民众生活的真实而生动的写照。

军阀混战及刘湘发起的对中国工农红军的大规模围剿，给四川人民带来了巨大的灾难，纸乡夹江也难以幸免。就高额田赋而言，在夹江纸乡的河东，刘文辉的二十四路军一年收三至四次税，而河西更是一年多达六次。对夹江的多数纸农而言，由于他们只有少量的耕地，且多为贫瘠山洼地，直接的税赋虽不算高，但高额的田赋对他们的间接影响却非常之大。一方面，赋税的增加降低了农村的购买力，削减了农村的纸张需求量，致使纸价大跌；另一方面，高额田赋抬高了粮价，牵动了物价，使造纸原材料也翻倍猛涨，增加了造纸成本。由此，夹江手工造纸业开始陷入困境。

三

夹江纸业在20世纪30年代陷入困境，日渐不振的原因，除战乱外，还有一个重要因素，那就是外来洋纸的极大冲击。

清代在纸的制造及加工上虽达到历史的最高水平，但仍停留在手工生产阶段。与此同时，西方国家在工业革命后，造纸业得到长足发展，后来居上。1750年荷兰人发明新式机械打浆机，1798年法国发明长网造纸机，19世纪更有了化学木浆纸，造纸由手工生产向大机器生产过渡。由于清朝闭关锁国，致使中国造纸技术逐渐落伍，直到清末的“洋务运动”，才开始从西方引进机器造纸技术，在上海及其他地方也相继建厂投产。19世纪末至20世纪初之际，在中国是手工纸与机制纸并存时期，但仍以手工纸为大宗。进入20世纪30年代后，机制纸产量大增。低成本、高质量、高效率的机器生产，使传统的手工造纸业遭受到严峻的外部环境的挤压，市场份额锐减。

机制纸的大量生产和外来洋纸的输入，极大冲击了夹江手工造纸。民国二十三年（1934年）夹江县县长罗国均在《呈请善后督办公署通令购用夹江造纸以维国货而利民生文》中，对此特别提及，说：“然在昔日海禁未大开放，尚无洋纸输入，致夹江之纸，产量多而销路广，若以本省而论，产纸之区，首推夹江，凡所需用皆莫非夹江产也，远如云贵各省，亦均畅销无滞。近年因有洋纸大宗输入，以致受蹶抵制，畅销日减，民生日凄……恳求省政府，通令全川各县及本军各部队，一律购用夹江造纸，以维国货，而利民生……”

大宗洋纸输入的挤压，加之战乱中的横征暴敛，不堪重负的夹江纸乡纸农们，为了生计，开始了自发性的抗争。

1935年，省政府颁布法令，要求每个乡镇应该至少兴建一所学校。就本质而言，这并不算一件坏事。问题是，当地一些官员乘机横征暴敛，让已在饥饿线上苦苦挣扎的农民雪上加霜。

地处夹江偏远山区的华头乡纸农反应尤为强烈。

为落实省政府法令，乡政府没收了一座寺庙，兴办了一所小学。为保障学校经费，对纸农开征“架槽税”，对纸商征收营业税。这些税额远远超出这所就读学生从来不超过5人的学校所需费用。

纸农们为了抗议这种不合理的负担，复活了早已停办的“蔡伦会”。“蔡伦会”会首们将洪川寺庙的神像从中心地位挪出，把从晚清起就已收之于偏室的蔡伦神像供奉其位。广大纸农围绕在他们的“守护神”蔡伦神像周围，展开了持续数周的愤怒游行。

纸农们旷日持久的大游行，震动了时任县长罗国均。他深入华头乡，对事件的前因后果展开调查研究，洞察纸农疾苦后，毅然代表纸农向省政府请愿，请求减免槽户赋税，给纸农一丝生机。最终省政府同意取消槽户税银八百，达到圆满解决的目的。

华头乡纯朴的纸农们，为感谢罗县长的大恩，刻了一块《罗公德政碑》，安放于华头场口，以志铭感不忘。

碑文载：“查我乡自民国以来，废弛清制，经费虽拙，当属敷用。然乃至近年，贪鄙之辈充任官员，藉公营私，鲸吞税款，竟于民国十一年，蒙算槽纸两捐，病商害民，槽户深感负担过重，恳求当道邀来蠲免，未获其愿……乙亥冬，县长罗国均出巡来场，周咨博访，洞悉民隐，遂毅然以转请蠲免为事，应准取消槽户给银捌佰元……将前案打消得达圆满目的。诚为我数千槽户纸商，延一丝生机，罗公之福不朽矣！民众受其大德，无以为报，谨泐诸石，以志铭感不忘……”

从恳求省政府“通令全川各县及本军各部队，一律购用夹江造纸，以维国货，而利民生”的为民请命，到夹江纸农“受其大德，无以为报，谨泐诸石，以志铭感不忘”的自发行为，可见时任夹江县县长的罗国均对夹江纸业的发展提供了行政政策层面和具体行为层面的关注、关心、关怀，他的作为值得肯定。

然而，天公不作美。1936年至1937年四川大旱，粮食欠收，加之刘湘围剿中国工农红军第四方面军的频繁战争，素有“天府之国”美誉的四川，出现了饥荒。夹江纸农的生活苦不堪言，夹江手工造纸业陷入了空前困境。商户倒闭，纸农失业，作坊破产，以致“十万纸农生计所失”。1933年9月《四川月报》载：夹江“纸业出现严重危机”，槽户面临“濒于破产，险象环生”的困境。这种困难局面长期不见好转。

此时的县长罗国均，虽有爱民之心，也不乏为民之举，却也无回天之力。

四

夹江“纸业出现严重危机”，槽户面临“濒于破产，险象环生”的困境，有识之士看在眼里，急在心上。1937年8月初，焦急万分的夹江纸业公会黄永海等人，将这一严重情况写成调查报告，上书省政府，恳请迅予救济。

报告指出：“杂粮之出产甚微，竹料亦已减少十分之六七，价涨至三倍有奇，米价亦高出数倍，纸则反跌。数月来食米之家绝无，仅有能食杂粮两次者亦甚少，余者日食一次麦粥过日。加以全川受灾，销场更狭，县属纸贩纷纷停贸易……槽户由破产而被迫停业者渐多，若不预为之所谋，前途将日趋暗淡。”

鉴于纸农生活危急，纸业生存危急，黄永海等人请求：1. 拟请就川灾公债早日拨款办理农贷，农民资金有着不致陷于无力再生产之绝境；2. 技术援助；3. 命令所有政府机构和学校只能购买本地产纸；4. 取消苏打、漂白剂税以及教育附加税；5. 免去营业税。

此时，日本帝国主义炮制了“卢沟桥事变”，发起了蓄谋已久的全面侵华战争。中华民族的全民抗日战争也由此如火如荼地全面展开。

黄永海等人的上书，一经转到四川省主席刘湘手头，引起了刘湘的高度重视。立即派员前往夹江调查核实，认定黄永海等人报告属实后，将报告及调查结果签呈国民政府军事委员会委员长蒋介石。蒋介石对黄永海等人的报告极为重视，反应非常迅速，不仅亲自审阅，还于1937年8月31日写下训令：

“据夹江纸业公会黄永海等呈，以土纸破产，恳请迅予救济，以维农副等情……查所称各节，尚属实情，自应予以救济，免致十万农民生计所失。除此示外，合行抄发原呈，令仰该省政府迅拟救济办法，呈后核夺！”

训令工整盖上了“蒋中正”印章，并有签字督促办理。

肩负统一领导全国抗战重任的蒋介石，何以对一个县级纸业公会的报告如此非同寻常的重视，原因就是：抗战一开始，蒋介石就做好了最坏的打算，一旦华东、华北守不住，就由南京迁都武汉固守；一旦武汉还是守不住，就迁都重庆抗争。在蒋介石心目中，四面环山，物产丰富的四川盆地，是最为理想的大后方，是赖以坐镇指挥的最为安全之地。

“纸张虽小，但抗战大局事大。如果华北、沿海沦陷，国内主要产纸区被日寇占领，如果迁都的大后方四川纸业凋敝，各新闻报刊没有载体，发不出声，拿什么向国内和国际社会宣传主张，寻求支持，又拿什么鼓舞士气，唤起国民，奋起抗战啊！”非常时期纸张非常重要。统揽全局的蒋介石，从全局的高度，洞察了纸的战略重要性，从而对夹江纸业公会黄永海等人呈送的报告，亲手处理，迅速签署督办意见。

“卢沟桥事变”后不久，中国大半壁河山沦陷，国内主要产纸区被日寇占领，安徽泾县宣纸厂全面停产，洋纸来源也为交通阻断。市场上纸张奇缺，成渝两地更是“纸贵如金”。蒋介石一纸训令，拯救了夹江万千纸农。1937年12月1日，国民政府迁都重庆后，被拯救的夹江槽户、纸农们，用自己勤劳的双手，以日夜不停地艰辛劳动，生产了数量巨大的抗战急需的新闻、文化用纸，为八年抗战的胜利，做出了自己的一份特殊历史贡献。

五

如果说蒋介石从全局的高度，以敏锐的眼光，对夹江纸业给予了高度重视的话，那么，四川省主席刘湘则从四川大后方的战略地位，以振兴的视角，对夹江纸业给予了足够的扶持。

在蒋介石“拯救批谕”送达四川省主席刘湘的同时，1937年9月，成都市政府又呈递报告，称：“外纸存货一空，已无储备，请设法改良手工造纸，增产备急……非此不足以挽救非常时期之需。”

非常时期，纸太重要了，四川造纸大县夹江纸业生产太重要了。此时的刘湘才真切地感受到，蒋委员长高度重视夹江纸，亲下手谕，签字督办的意义所在：“如果华北、沿海沦陷，国内主要产纸区被日寇占领，具有战略地位的大后方四川的产纸大县夹江，造纸业的发展、兴衰，势必对抗战全局举足轻重。”

手捧蒋委员长手谕，刘湘不敢怠慢，立即把振兴夹江纸业当作抗战要务，头等大事，在成都督院街省政府会议厅召开由省政府高等顾问及省政府办公厅、省建设厅、省财政厅、省税务厅等要员参加的专题会议，研究如何贯彻落实蒋委员长的手谕，迅速拟定救济办法。

会上，刘湘语气沉重地说："近几年来，因受时局紊乱及其他种种原因，外纸存货一空，已无储备。而夹江县内的造纸户停业、歇业者颇多，纸业日渐衰落，着实令人忧心。近日蒋委员长颁发训令，令我省政府迅拟法救济，促其振兴。望大家开动脑筋，各抒己见，坦言良策。"

"我谈点不成熟的看法，谨供主席定夺。"高等顾问张澜以谦卑的口吻，平和的语气，率先建言说："一个行业的兴衰，原因是多方面的，决非哪一个人或哪一届政府所为。夹江纸业的衰落，与时局混乱不无关系。然夹江手工造纸，产量低，成本高，在内外新式机器造纸技术的挤压下，市场份额锐减也是一个重要因素。除此之外，税负繁重，一年多征，百姓负担过重，各种矛盾激化，也直接影响着广大农民的生产积极性，危胁夹江纸业的发展。不过话又说回来，抗战爆发，四川成了抗日的大后方，川内的报刊、通讯社，高校，还有多家出版机构，都需要大量的、稳定的纸张供应。这对省政府而言，是振兴川纸的大好机遇。对夹江来说，是一个再创纸业辉煌的天赐良机。如今蒋委员长亲下训令，省府刘主席躬身亲为。只要省上能减赋税，安民心，加大政策扶持力度，夹江县府能身体力行，深入纸农，体察民情，那么，占尽天时、地利、人和的夹江纸业，再度振兴指日可待，再创辉煌方兴未艾。”

“说得好！”张澜的一席话，使刘湘看到了振兴夹江纸业的前景。他脸上流露出笑意，眼内闪烁着兴奋的光泽。说：“国难当头，我们的确需要从战争的阴霾中解脱出来，看到光明，看到希望，看到前途。大家只要放开眼界，振作精神，不愁找不到救济夹江纸业，振兴四川经济的良好对策。”

张澜一席话，刘湘一番鼓动，打开了大家的思路，围绕救济夹江纸业，调动纸农积极性，纷纷建言献策，提出了：派专业人才，帮助提高传统手工纸工艺水平；改减税收，减轻百姓负担，查核减免乡村壮丁费等；查办贪污案，裁减贪污官员……不少建议良策，已超越夹江纸乡的纸农范畴，受益于全川百姓。

为加快夹江纸业的发展，促进夹江纸业的振兴，会议制定了“拯救夹江土纸方案”，同时决定委派省建设厅技正（即总工程师）梁彬文为专员，前往夹江督促拯救夹江纸业方案的落实。

梁彬文1898年生于四川省长宁县长宁镇。1919年5月4日参加北京大学、北师大等校的学生爱国运动。10月被捕。释放后赴法国勤工俭学，进入法国格雷诺尔大学学习造纸专业。在留学后期，与法国姑娘薛马德结婚。1924年学成偕妻回国，其妻改名梁明兰。次年，梁彬文与留法勤工俭学的同学一道，为振兴民族企业、民族经济，集资在乐山创办嘉乐纸厂，先任工程师，后任厂长。1930年调任四川省建设厅技正。强烈的民族之情，让梁彬文对振兴夹江纸业情有独钟。在乐山创办嘉乐纸厂期间，曾多次到夹江考察手工造纸工艺，力求在保持传统的手工技艺的基础上，提高手工纸的产量与质量，唯恐受到机器纸的冲击。如今，受命于夹江纸危亡之际，身为督促夹江纸业生产专派官员的梁彬文，二话没说，就前往夹江协助县政府振兴夹江纸业。

蒋委员长高度重视，亲下手谕；省府刘湘主席亲自过问，出台"拯救夹江土纸方案"，使拯救纸业无策，报效纸农无门的夹江县县长罗国均，大为振奋。从职责上考虑，以责任心为重，罗国均视"拯救夹江土纸方案"为"尚方宝剑"。有了这把尚方宝剑，他可以自由挥舞，砍掉之前的羁羁绊绊；有了这把尚方宝剑，他可以大刀阔斧，削减纸农的不合理负担；有了这把尚方宝剑，他有了帮纸乡排忧解难的锦囊，有了助纸农发展生产的底气。振作起来的罗国均，不辞劳苦，深入农家槽户，四处查访困难纸农；他不分昼夜，调运物资、发放贷款；他身体力行，组织生产，拓展纸业；他鼓励纸农，多出好纸，支援抗战。

对梁彬文专员的亲临，罗国均更为高兴。有了梁彬文，罗国均有了提高纸质的技术支撑，有了提振纸业的坚强后盾。他与梁彬文调研问题，商议方案。他们心往一处想，助纸农多出好纸；劲往一处使，为抗战多尽心力。

六

身处四川西南一隅的夹江纸农们，谁也想不到在极其困难时期，因为抗日战争的缘故，因为蒋委员长一纸“拯救批谕”，因为省政府的“拯救夹江土纸方案”，迎来了夹江纸业的“黄金时期”。

客观上讲，夹江的广大纸农们最欢心、最激动、最振奋的还不是上到中央、省政府，下到县里的重视。而是他们明显地感受到的广阔市场前景，即造出的纸不愁销路了，出现了上门求，等着要的欣喜现象。纸有了销路，腰包便鼓起来了，肚子也不挨饿了。这种经济层面上的感受和得益，对夹江广大的纸农来说，比政治上的关心、关怀，似乎来得更直接、更现实、更实在。

的确，时事逼人。1937年“七七卢沟桥事变”后，日本帝国主义大举入侵，中国半壁河山沦陷。1937年12月国民政府被迫迁都重庆，直至1946年5月还都南京。在这期间，重庆被称为陪都。

在国民政府迁都重庆的这段历史中，在重庆这个抗战时期的全国政治、经济、文化和舆论中心，国内的200多家报刊、通讯社云集重庆；各国驻华大使及其通讯社，世界各大新闻派驻机构齐聚陪都。重庆的报业随之在全国舆论界居于主导地位，成为抗战中的一支重要力量。在这期间，沿海及北平等地迁入重庆的高校一时达到38所；迁入四川的出版机构有商务印书馆、中华书局等40余家；一大群文学艺术界的著名精英会聚在四川，一大批在中国现代文学艺术史上举足轻重的作品成就于重庆。在四川这个抗日的大后方，抗日救亡文学艺术空前活跃，出现了文学史上辉煌一时的“陪都文化”，又称“山城文化”。

如此活跃的新闻文化事业，如此旺盛的纸张需求，如此广阔的纸业销售市场，给夹江纸业的发展带来了难得的机遇期，充足的黄金市场期，可喜的再展辉煌期。

千年纸乡夹江的大小槽户，广大纸农们的生产积极性，被政府、市场充分调动起来。河东的马村、中兴、迎江、漹城，河西的木城、南安、龙沱、华头、歇马，十里八乡的村落间，像碉堡一样的篁锅冒起了青烟。纸乡夹江的纸业生产得到了前所未有的发展，达到了历史的巅峰。造纸户由抗战前的2300户速增到5000多户，从业人员由约2万人增至4万余人。当时全省年产纸量约为1.5万至1.8万吨，而夹江就承担了其中一半的份额，年产量稳定在7000至9000吨之间，最高年份纸产量接近1万吨。其中，文化、新闻、报刊用纸约占总产量的85%。

1939年8月《改良造纸》一文中载：“夹江向以产纸著名，造纸户约5000余家，赖此项副业以为维护生活的农民约4万，每年产纸近万吨，照现价洋900余万。”产量如此之多，实为夹江造纸有史以来的最高纪录，荣居当时全国手工造纸产量之冠。

1943年中国农业银行经济研究处印制的钟崇敏、朱寿仁、李权所写《四川手工纸调查报告》中记载：“川纸产量最多者首推夹江，年产量约六七千吨”，夹江“竹纸最负盛名，产地之多，产量之多，品种之繁，品质之佳，技术之精，均为全省之冠。”

《中华文史资料文库》第16卷曾有孔昭恺的回忆录：抗战时期，《中央日报》《新民报》《新华日报》《天府新闻》《工商导报》《大公报》等主要报纸全部或部分使用夹江土制纸张印刷。《大公报》在重庆创刊，创刊号用的就是夹江土纸，后来日销售量达10万份，成为发行量最大的报纸。《大公报》的这份光荣因为有了夹江土纸的加入而增添了色彩。另外，抗战时期的教材，也多为“未经漂白的夹江纸”印刷。

在夹江勤劳智慧的广大纸农们创造性的劳动中，在大家坚持不懈的努力下，夹江所产的手工纸，在当时的20多个造纸县中，数量最大、质量最好、抗拉力最强，基本上适合铅字机器印刷，为抗战时期急需的大量新闻用纸，提供了有力保障。四川省内及邻省报刊、书籍、书画用纸，也多用夹江手工纸。夹江的纸农们，正是通过日夜不停地艰辛劳动，生产出质量佳、数量巨大的文化、生活用纸，使夹江县成为中华民族抗日用纸的供应基地，从而为中华民族的抗战胜利，做出了自己一份特殊的贡献，一份用勤劳和智慧铸就的载入中华史册的卓越贡献。

七

抗战时期夹江纸业的发展，带动了县域经济的发展，带来了商业的繁荣兴旺。在县城开店经营的坐商就有100多家，在外地设庄经营的有400多家。外地来县采购的有宝元通、周昌、源吉等商号，还有《新新新闻》，开明书店等用户。在木城、华头、马村、中兴、双福等场镇，纸张交易也十分活跃。

造纸业的发展，还带来了夹江染纸业、帖纸业、木刻印刷业、年画业、裱褙业的发展和繁荣兴旺。全县仅染纸业就发展到270多家，年产色纸达400多吨。有充朱、黄土连、条绿、薄巨青、黑蜡光等22种有色纸，供人们书写、通信、装饰、神楮等选购。当时夹江近15万人口中，约有8万人吃"竹根子饭"，即靠造纸及与之相关联的产业谋生。

抗战时期夹江手工造纸及其相关的产业迅猛发展，除时事、政策层面的因素外，还得益于夹江得天独厚、水陆贯通、商路畅达的优越地理条件。纸农们只用一根扁担把纸捆挑到县城或送到场镇，就可通过三条水路运出：一条水路是从青衣江的周渡、姜渡出发，经乐山，叙府、泸州，然后到重庆上岸；另一条水路是到乐山，转上行水路岷江（当时叫府河）到成都；第三条水路是通过人力陆运至青神汉阳坝，沿府河到成都。陆路经由1930年通车的成都—乐山公路，用大板车、马拉胶轮车、汽车等，经过眉山、彭山等地，将纸张运往成都。纸张行业因为这些重要商埠，很快发展成为纸业帮会，形成了成都帮、重庆帮、叙府帮、泸州帮、昆明帮、西安帮、兰州帮、太原帮八大帮口，用现在流行的说法是形成了纸张营销的庞大网络系统。夹江北街和金祥街的纸张市场，车船如织，脚夫如云。纸张生意当天谈妥之后，第二天货源就准备妥当，奔走在不同的线路上，很快即可出现在乐山、成都、重庆等地的各个纸品市场。

“一根扁担软悠悠，挑担白纸上泸州。泸州买我连四纸，我喝老窖雄赳赳。”这是抗战以前夹江纸农的生活追求，生存况味。可是现在不同了，夹江纸农生产的纸张担负了更伟大的时代责任，历史重担，它要承载中华民族抵抗侵略发出的强大吼声，它要为国土免于沦落注入巨大能量。夹江的纸农们也因之自觉不自觉地投身到了抗战的最前沿，为舆论抗战提供充足的武器弹药。这是夹江人民的历史担当，是夹江人民的历史贡献，也是夹江人民的历史荣光。

八

夹江人民有了饭吃，抗日热情更加高涨。1943年底，著名爱国将领、时任民国政府军事委员会副委员长的冯玉祥将军，到乐山属地组织“节约献金抗日救国运动”，为抗战募捐。12月8日至10日，亲临夹江，组织献金，受到夹江人民的热情欢迎。

冯玉祥在抗日战争最艰难时期，于1943年10月14日在重庆发起成立“中国国民节约献金救国运动会”，自任总会会长。为扩大抗日募捐的影响，冯玉祥带头“卖字献金”，凡是向他祈字求画的，一概索取笔资以作抗日献金，他的字画，往往都和抗战有关。为了向前线将士募集慰劳资金，并激励广大民众坚持抗战到底的信心，冯玉祥两次巡行四川各地。

第一次巡行，于1943年11月8日从重庆出发，经自贡、威远、荣县、五通桥、牛华、乐山、夹江、眉山、彭山、新津、双流到成都，历时三个月，共募集了2000多万元。

1943年11月26日，冯玉祥一行由荣县进入五通桥来到乐山城区。12月8日一早，冯玉祥一行离开乐山前往夹江。

据夹江《文史资料》第十期刊登的江文远“冯玉祥将军在夹江组织献金抗日纪事”一文载：

12月8日早上6时，冯玉祥将军与随行人员驱车从乐山前往夹江组织节约献金抗日救国运动。途经夹江甘江镇时，只在路边一个小食店简单地吃了早餐。

8时，冯玉祥将军一行抵达夹江县城。

10时，由县长王运明、县参议长王泽芳等陪同，到达夹江民众教育馆（今夹江县城东大街街心花园处）欢迎现场。顿时，会场响起热烈掌声和欢迎冯将军到夹江进行抗日募捐的口号。冯玉祥将军面对热烈的夹江民众，发表了演讲：“……我们能参加世界大国开罗会议，可以说是开天辟地的第一回。由此可以证明抗战使我们独立，使我们民族复兴！这是怎样得来的呢？这是有数百万忠勇将士以他们的热血换来的呀！我们要想取得最后的胜利，还要努力实行‘有力出力，有钱出钱’的政策。”

冯玉祥将军的话音一落，立即响起了雷鸣般的掌声。县参议长王泽芳代表全县表示：“夹江虽是一个小县，民众较穷，但对于献金救国这一爱国爱家的重要活动，一定会尽力而为。”

冯玉祥将军午休后，在有关人员的陪同下，前往夹江千佛岩参观。

参观完千佛岩后，冯玉祥将军在千佛渡口乘船溯青衣江而上，去马村乡石堰村视察石子清手工造纸作坊。

有个年轻船工得知船上乘坐的是大名鼎鼎的国民政府军事委员会副委员长冯玉祥将军，激动万分，当即表示愿意当兵去打日寇。冯玉祥将军感其志气与精神，特写诗《小船夫》赞道：“小船夫，真活泼，能撑蒿，能使舵。不论什么货，装上就过河。下水不费力，上水人来拖。年岁不过二十几，精神振奋气力多。还有一个好志气，愿意当兵去杀敌，打败日本国，同胞笑呵呵。”

冯玉祥一行下船后，步行到达马村乡石堰村石子清家视察夹江造纸作坊，亲眼目睹了夹江纸农们为抗战辛勤劳动的情境，体察了夹江人民乐于奉献的爱国热情。当他听说夹江手工竹纸能替代机器纸印刷报纸、书籍，源源不断运送重庆、成都乃至云贵等地各大新闻报刊、各出版单位时，欣然命笔写诗一首：“夹江纸，最有名，手工作得这样精。工人工资并不多，但是个个能养生。夹江还有一道渠，听说能灌万亩地。这样好方法，有利民生和国计。”

冯玉祥一行视察完石子清家造纸作坊后，在回程路上，看到一个背负纸捆艰辛运纸的女孩，随即将所见、所感抒于笔端：“大女孩，十七八，两捆纸，肩上压，弯腰向前走，摇摆似肥鸭。两眉似柳叶，脸面似桃花。汗珠粒粒似黄豆，不断连连滴地下。”抬头长叹一口气：“日寇不打倒，永生似牛马。”

9日上午9时，冯玉祥将军应邀对学校的师生发表了长达两个半小时的“节约献金抗日救国演讲”。他在演讲中要求学生珍惜读书学习的好机会，尊重老师，认真学习文化知识，做一个好公民。要爱国，要把热心于节约献金和做好献金运动的宣传作为爱国的起码工作。冯玉祥将军的抗日爱国演讲，使广大学生深受教育，纷纷表示要响应冯将军的号召，积极投入到节约献金抗日救国的运动中。

下午，冯玉祥将军参加了夹江县“节约献金救国运动分会”的成立大会。会后，分会的一些负责人士，纷纷拿着捐募册走上街头讲解劝募。县里的各阶层、各行业、各学校的积极分子，也加入奔走宣传，广大民众很快就行动起来。此时，冯玉祥将军也便衣简行，独自到街巷漫步，考察民情。他见到夹江民众高涨的献金爱国热情，直称赞夹江人民是“好样儿的！”

10日上午9时，夹江县“节约献金抗日救国大会”准时召开。参加献金救国大会的人很多，士农工商，以至小贩，甚至乞丐，都来献金。几十里外的乡民，更是吹着唢呐，放着鞭炮，唱着献金歌，成群结队前来参加。夹江县评剧研究社也为抗日献金举行义演助捐。

冯玉祥将军身着灰色“二马驹”大衣，出席大会并致辞。

冯玉祥将军简短有力的致辞后，首先是工业界代表，其次是农民代表，再次是商界代表，陆续手端装满钱币的茶盘上台献金。紧接着，人们纷纷上台献金，将一把把钞票投入献金柜中。献金大会一直持续到下午2时，方在热烈的气氛中胜利结束。

在夹江两天半时间里，在当时一个只有15万人口的小县，冯玉祥将军募得献金竟达33万元之多。冯玉祥将军高兴万分，诗兴大发，挥毫写了《夹江献金》诗：“夹江县里办事人，很有热心又精明。听说一办法，马上去实行。时间仅两天，大会便开成。献金三十零三万，夹江爱国不后人。”又写下《夹江献金队》诗：“夹江县，县很小。乡间献金队，远近都来到。这边吹乐器，那边放鞭炮，献金歌唱很热闹！血汗钱，真不少，三万五万礼金挑。爱国精神好，谁也不愿少。假如各地都这样，倭寇定然向回跑。”还写了《工人》诗：“夹江县，很热闹，献金会，万人到。工程队，台上跑，三元五元掏腰包。还有的，怕晚了，热热闹闹争前茅。衣服不整齐，精神十分好。有双手，有大脑，国防人，人格高。终日流大汗，生活全把自己靠。不靠别人把饭吃，真堪敬佩好同胞。”

在夹江募捐期间，冯玉祥将军以朴实生动的语言和特有的诗歌风格，写了大量的诗作，较为详细地记录了夹江广大民众在抗日战争时期，为抗日救国踊跃献金的感人盛况；高度赞扬了纸乡人民勤劳纯朴，爱国奉献的崇高精神。

结束语

中国人民抗日战争，是近代自鸦片战争以来，中华民族第一次取得完全胜利的反侵略战争和民族解放战争。它洗刷了民族耻辱。

谭中在《简明中国文明史》中高度评价说："抗日战争是中国五千年历史上最悲壮的一首史诗……从来没有哪个历史时期像抗日战争那样全国动员抵抗外来侵略的，也从来没有任何朝代像抗日战争那样展示出中国的坚韧不拔与奋勇御敌。"

中国人民的抗日战争，对彻底打败日本帝国主义具有决定性的作用，为世界反法西斯战争的胜利和人类文明的进步做出了重大贡献。

在这场伟大的反侵略战争和民族解放战争中，因沿海和华北地区沦陷，纸厂停产，外纸断货，文化舆论战线面临弹药不足的困境。夹江纸乡历史地成了整个中华民族抗日用纸的供应基地，成了整个新闻舆论战线的坚挺后盾，成了整个文化抗战广阔战线的翘楚。中国向世界反法西斯战争发出的最强音，很大一部分是通过夹江手工造纸实现的。夹江的万千槽户纸农，广大的夹江人民群众，用满腔的热血，用辛劳的汗水，用数万吨计的劳动成果，为中华民族抗战的胜利做出了一份特殊的贡献，一份足以载入中华文明史册的历史贡献。

回首这段往事，注目这一辉煌历史篇章，值得夹江人民自豪，值得夹江人民骄傲，值得夹江人民引以为荣。在这段非凡的历史时期，夹江人民表现出的爱国热情、奉献精神、民族大义，更值得夹江人民继承、弘扬、光大。

第五章　国画大师助推纸乡国宝精品

引　言

著名国画大师张大千与夹江纸乡，有一段挥之不去的深厚情缘。

张大千与夹江纸乡厚重的情缘，溯源于一种偶发的因素。那就是，张大千对“千堵丹青，遁光莫曜”的敦煌莫高窟艺术宝库，心驰神往，定下决心赴敦煌穷探究画法之源，追寻他梦寐以求的六朝隋唐真迹。张大千去夹江纸乡由此引发，并非一开始的决断，实属偶然。

但张大千与夹江纸乡厚重的情愫，又归结于特殊历史时期的必然结果。可谓偶然中的必然。

在张大千萌生去敦煌的念头之际，日寇入侵，祖国山河破碎。不愿当亡国奴，不愿为日本侵略者撑所谓“大东亚共荣”门面而当日伪汉奸的国画大师张大千，于1938年10月，千方百计逃离北平，回到成都。

回成都后，因侵华日军占领安徽，泾县一带纸厂全部停工。张大千原用的安徽宣纸货源断绝。纸是艺术家的艺术生命。决意去敦煌的张大千不禁感叹：“古时候洛阳纸贵尚可买到，如今拿钱也买不到画纸。没有纸，未必叫我去甘肃敦煌喝西北风吗？”

经成都“诗婢家”朋友郑伯英推荐，张大千分别于1939年、1940年两次专程造访“蜀纸之乡”夹江。张大千深入夹江县马村乡石堰村叠山沟石子清纸坊，亲自指导造纸师傅改造出了能用于泼墨重彩的新一代书画纸。张大千万分喜悦，以自己的画室“大风堂”为据，命其名为“大风堂纸”。并把夹江纸与安徽宣纸相提并论，赞曰：“宣夹二纸，堪称二宝。”

张大千“国宝精品”的赞誉，使夹江书画纸与安徽宣纸齐名。从此，夹江书画纸的名声不胫而走，行销国内，出口海外，销路大增。

一

作为书法绘画的载体，纸承载了书画家的艺术甚至人生，所以，书画家与纸的感情尤深。著名国画大师张大千与夹江纸乡就有一段挥之不去的深厚情缘。

张大千（1899–1983年），原名正权，后改名爰，字季爰，号大千，别号大千居士、下里巴人，斋名大风堂。张大千是20世纪中国画坛上最具传奇色彩的国画大师，无论是绘画、书法、篆刻、诗词他都无所不通。早期专心研习古人书画，特别在山水画方面卓有成就。后旅居海外，画风工、写结合，重彩、水墨融为一体，尤其是泼墨与泼彩，开创了新的艺术风格。20世纪30年代，他曾两度执教于南京大学（时称中央大学），担任艺术系教授。他在亚洲、欧洲、美洲举办了大量画展，蜚声国际，被誉为

“当今最负盛名之国画大师”。徐悲鸿夸赞说：“张大千，五百年来第一人。”

张大千与夹江纸乡的不解之缘，毫不夸张地说达到了刻骨铭心的程度。对此，宋秀莲、张致忠主编的《中国书画纸之乡——夹江》一书中，张致忠撰写的“张大千同夹江纸的特殊情缘”一文，引举了大师晚年的一幅荷花佐证。

1979年，80岁高龄的张大千，在定居台北士林外双溪的“摩耶精舍”画了一幅荷花。画面上，荷叶如盖，露珠欲滴，滋润鲜活，摇曳生姿。盛开的荷花，亭亭玉立于丛叶之中，风姿绰约，骨透神清，娇而不俗。用流畅的线条勾勒出的花瓣尖，体现了寰宇闻名的“张氏墨荷”的一种独特标志。画的上端题有诗句：“露湿波澄夜寂寥，冰饥祛暑未全消；香明水殿冷冷月，翠里殷勤手自摇。”张大千对自己的这幅得意之作，特别在画的一端挥毫题款标明：“此大风堂五十年前所制宽纹纸也，大有宋褚风韵，不可多得矣”。

张大千先生大为赞赏的不可多得的宽纹纸，就是他当年亲临纸乡夹江，与造纸师傅们一道研究、改进制成的书画纸。

四年后的1983年4月2日，张大千因心脏病发在台北逝世，享年84岁。

张大千在最后几年的画作里，特意留下的“此大风堂五十年前所制宽纹纸也，大有宋褚风韵，不可多得矣”的这段题款，留下了张大千对纸乡夹江多少深切的思念？又承载了张大千对纸乡夹江多么厚重的情愫？可想而知。张大千爱纸乡夹江的山，爱纸乡夹江的水，爱纸乡夹江的人，爱纸乡夹江有着千年历史的手工纸，更爱自己与夹江造纸师傅们一起研制成功的“大风堂纸”。张大千早已离开了夹江，如今也离开了人世。但他那朵至今还盛开在夹江千佛岩造纸博物馆的“墨荷”，却年年岁岁盛开纸乡，永不枯萎。

二

张大千对夹江纸乡深切的感情，厚重的情愫，源于一个偶然的因素。

要谈偶然因素，得从艺术大师张大千对敦煌石窟艺术宝库的执着说起。

敦煌莫高窟，坐落在河西走廊西端的敦煌，以精美的壁画和塑像闻名于世。被誉为20世纪最有价值的文化发现，“东方艺术明珠”，佛教的艺术宝库。1987年12月，被列入《世界遗产名录》。

敦煌莫高窟是一座融绘画、雕塑和建筑艺术于一体，以壁画为主，塑像为辅的大型石窟寺。它的石窟形制主要有禅窟、中心塔柱窟、殿堂窟、中心佛坛窟、四壁三龛窟、大像窟、涅槃窟等。各窟大小相差甚远，最大的达268平方米，最小的高不盈尺。

敦煌莫高窟壁画绘于洞窟的四壁、窟顶和佛龛内，内容博大精深，主要有佛像、佛教故事、佛教史迹、经变、神怪、供养人、装饰图案七类题材，此外还有很多表现当时狩猎、耕作、纺织、交通、战争、建设、舞蹈、婚丧嫁娶等社会生活各方面的画作。这些画有的雄浑宽广，有的瑰丽华艳，体现了不同时期的艺术风格和特色。中国五代以前的画作已大都散失，敦煌莫高窟壁画为中国美术史研究提供了重要实物，也为研究中国古代风俗提供了极有价值的形象和图样。据计算，这些壁画若按2米高排列，可排成长达25公里的画廊。

敦煌莫高窟的壁画上，最引人注目的是处处可见的漫天飞舞的美丽飞天。飞天是侍奉佛陀和帝释天的神，能歌善舞。墙壁之上，飞天在无边无际的茫茫宇宙中飘舞，有的手捧莲蕾，直冲云霄；有的从空中俯冲下来，势若流星；有的穿过重楼高阁，宛如游龙；有的则随风悠悠漫卷。画家用那特有的蜿蜒曲折的长线、舒展和谐的意趣，炽热的色彩，飞动的线条，为人们打造了一个优美而空灵的想象世界，理想天国，成为举世闻名的艺术精品。

张大千对敦煌莫高窟的了解，始于1920年。他曾在成都、重庆等地，听老友严敬斋、马文严等多次介绍过敦煌石窟艺术的伟大和辉煌。他在上海拜师学艺时，又从恩师李瑞清、曾农髯那里听说过敦煌的壁画。后来他又在上海、南京、北京、苏州等地见过零散的敦煌写经和绢画，对敦煌的杰出艺术成就非常叹服。抗日战争爆发后，张大千回到成都，当地曾担任过国民党中央政府监察院驻甘宁青的监察使，也多次向他介绍甘肃敦煌莫高窟石窟艺术，引起了他的极大兴趣。张大千后来感叹道："大千流连画选，倾慕古人，自宋元以来真迹，其播于人间者，尝窥见其什九矣。欲求所谓六朝隋唐之作，世且笑为诞妄。独石室画壁，简籍所不载，往哲所未闻，千堵丹青，遁光莫曜，灵踪既閟，颓波愈腾，盛衰之理，吁乎极矣！"

于是，张大千对"千堵丹青，遁光莫曜"的敦煌莫高窟艺术宝库，心驰神往，定下决心赴敦煌穷探画法之源，追寻他梦寐以求的六朝隋唐真迹。

这就是国画大师张大千到纸乡夹江改造、提升夹江国画纸的源头。从现象上看，两者似乎不沾边，无关联。客观上讲，张大千下决心赴敦煌时，也未曾想过要去夹江寻访，要与夹江结缘。可以说，张大千到纸乡夹江并非一开始的决断，的确有其偶然性。

三

偶然的背后往往有着必然的联系，存在着不以人的意志为转移的客观规律。张大千对夹江的造访，与夹江纸乡结缘的偶然因素，其背后存在着不以他个人的意志为转移的历史现实，归结于特殊历史时期的必然结果。

探索这一偶然中的必然，得从抗日战争这一特殊年代说起。

1937年7月7日，日军炮制“卢沟桥事变”，发起全面侵华战争。

7月29日，国民革命军第二十九军奉命秘密撤离北平，退往保定驻守。

8月8日，日军进城，北平陷落。

从日军进入北平城的一天起，居住在这片土地上的人们，上至达官显贵，下到市井小民，都被强加了一个名字——亡国奴。

日军侵占北平城的第二天，一支部队进驻颐和园，并在四处布置岗哨。古色惊世的颐和园顿时阴霾笼罩，阴森恐怖。园内美丽的湖光山色、卧波长桥、亭台楼阁，骤然死气沉沉，丧失了往日的生机及内动的灵魂。

此时的颐和园虽不再是皇家御苑宫阙禁地，但也只有达官显贵才能在园内觅得一席之地。四十刚出头，以“诗、书、画、印”无所不精的通才称誉艺坛，蜚声海内外，被徐悲鸿誉为“五百年来第一人”的国画大师张大千，也通过旧王孙著名国画家溥心畬，花重金在园内求得一处名为听鹂馆的住所。

炮火连天之时，躲在听鹂馆大戏台下地下室里的张大千，为山河破碎揪心不已。不时捋着飘逸胸前的浓密油黑的美髯，吟诵杜甫的《春望》：

国破山河在，城春草木深。

感时花溅泪，恨别鸟惊心。

烽火连三月，家书抵万金。

白头搔更短，浑欲不胜簪。

不惑之年的杜甫写的这首脍炙人口的抒发忧国、伤时、念家、悲己情感的《春望》古诗，在同为不惑之年的身处外敌入侵、山河破碎的张大千心中，产生了强烈的共鸣。

日军进驻颐和园后，即下令颐和园内所有的中国人到排云殿前列队集合，听候检查。

这天，天空乌云密布，淫雨霏霏。正在画案作画的张大千，闻讯后骂了句："狗日的小日本欺人太甚！"便把画笔一甩，走进卧室衣柜，取出夫人杨宛君刚为他缝制的藏青蓝长衫，在穿衣镜前换下画衣，细心拾掇了一下，然后捋着胡须，端详自己说："士可杀，不可辱。我倒要看小日本能把我们堂堂中国人怎么样！"说完，大义凛然地走出听鹂馆。

张大千来到排云殿，只见园内的员工家属等共约二百人顶着冷雨，等待日军的发落。一张张惊恐而愤怒的脸上，流淌着不知是雨水还是泪水。

腰身笔挺，长衫轻拂，黑髯飘逸，气宇轩昂，仪表堂堂的张大千一到排云殿前，立刻引起了日军的注意。一位日本士官径直走到张大千跟前，用诡谲的目光上下扫视了一阵，伸手摸了摸张大千饱满而光滑的额头，仔细查看是否有戴军帽的痕迹，是否是个当官的大人物。接着，“叽里呱啦”盘问起他的姓名。早年留学日本的张大千，装着不懂日语，没有搭腔，只掏出了一张名片给对方。日本士官看不懂中文名片，便把张大千带到一间房子里，由一位稍懂一点中文的军官继续盘问。

“你，于右任是的？”日本军官严厉地指着他胸前浓密的黑胡子说。

张大千明白了，他们把他误以为是国民党要人于右任了。

张大千用手比画着说：“于右任的不是，我画画的干活。”

日本军官仍然不信，叫人拿出排云殿内的墨、笔和纸，命令说：“你的画画！”

张大千信笔画了几只栩栩如生的螃蟹和虾。几个日本士官拿起来端详了一阵子，马上变得客气起来，又是点头，又是竖大拇指，很快将张大千及家人放行回家。

张大千带着瑟瑟发抖的杨宛君回到听鹂馆住处一看，家里已被日军翻得乱七八糟。经清点，一件珍藏多年的明朝雕刻梅花香筒和一幅仿黄子久的山水画被日本兵掠走。这是张大千有生以来头一遭体验到国破家亡的痛苦，体验到做亡国奴的屈辱和悲伤。他激愤的心情久久不能平静。

张大千身为中国大名鼎鼎的艺术家，影响之大，人缘之广，正是日本人招募利诱的目标。驻北平的日军司令官香月通过汉奸金潜庵与张大千联系，希望张大千能出来任职，故宫博物院院长、北平艺专校长，任其选择，还可以在日本艺术画院兼任名誉职务。

深受中国儒家文化熏陶的张大千，不仅是个有良心的艺术家，更是个热爱祖国的堂堂中国人。在此前不久，他就曾对四哥张文修说："屈原说'安能以身之察察，受物之汶汶者乎'。屈原宁死也不随波逐流，誓保节操的坚定意志可嘉、可贵。我是中国人，给日本人做事，岂不留下千古骂名？这样的事无论如何我不干！"有中国人骨气，固守民族气节的张大千，对日本人的威逼利诱，决不就范，采取了软顶、推诿、拖延的策略。

日本侵略者没有轻易放过张大千。为粉饰"东亚共荣"，当时日本在北平成立了"中日艺术协会"，未经张大千的同意，就将他与黄宾虹等列为发起人，在报纸上公布，还强迫张大千以"主任教授"的名义去上了一堂课。

日军的名利诱惑、强拉硬拽，让张大千既愤怒又无奈。一气之下，展开宣纸，提起画笔，作了一幅自画像。画中的他，头戴东坡峨冠，身着宋代衣衫，正襟危坐于苍劲古朴的巨松之下，罡风劲吹，松枝歪斜，自身却岿然不动，一脸庄重坚毅的神色。身前一湾溪水，溪中几多顽石，但却阻挡不住溪水滔滔东流。表现出身处逆境，仍坚守民族气节，不畏强暴，忠于祖国的大义凛然的民族气节。为抒发积压胸中的苦闷，张大千特意在画上填词一首，调寄《浣溪沙》：

十载笼头一破冠，
峨峨不畏笑寒酸，
画图留与后来看。
久客渐知谋食苦，
还乡真觉见人难，
为谁留滞在长安？

表达出自己误留北平的悔恨，也表明了他“身在曹营，心存汉室”，绝不与敌伪同流合污的坚定意志。

1938年10月，不愿为日本侵略者所谓的“东亚共荣”撑门面、当汉奸的张大千，以铮铮铁骨，智斗日寇，逃离虎口，回到成都。

回成都后张大千才得知，不久前的6月11日，大后方成都也遭到日军飞机的大轰炸，盐市口、东大街、东御街、提督街、顺城街一带，炸死无辜百姓226人，负伤600人，损坏房屋6075家。

成都也不得安宁，是年11月，一生迷恋山水、信奉读万卷书，行万里路的张大千，又带上家眷，寄寓青城山上清宫。

幽甲天下的青城山，洗却了都市的浮华与热闹，这片难得的净山净土，让饱经颠沛之苦，国土沦丧之痛的张大千，百感交集，写了一首《上清借居》：

自诩名山足此生，

携家犹得住青城。

小儿捕蝶知宜画，

中妇调琴与辨声。

食粟不谋腰足健，

酿梨长令肺肝清。

揭来百事都堪慰，

待挽天河洗甲兵。

抒发出虽举家借居净山净土，却期待着抗日将士痛歼日寇的强烈期盼。

四

张大千寄寓青城山，不仅“待挽天河洗甲兵”，还对敦煌壁画精美绝世，却屡遭破坏洗窃，痛心不已。他决心趁自己年富力强、精力充沛，带上几个得意弟子，远涉戈壁，观摩临摹，了却抢救璀璨文化瑰宝的心愿。

为筹备赴敦煌的经费，他以青城山为中心，南上峨眉，北登剑门，纵横东西景观，展开了丰富多彩的写生创作。

1939年春，画足青城、峨眉山雄伟壮阔景观的张大千，从青城山回到成都，寓居桂王桥西街，举办个人的“青城、峨眉山水画展”，筹措去敦煌临摹壁画的经费以及纸张、颜料等物资。殊不知，偌大一座成都省城，竟然买不到一张绘画用的宣纸。张大千原来所用的安徽宣纸，因侵华日军占领了安徽泾县，货源断绝，一纸难求。纸是艺术家施展才华的载体。壮年气盛的张大千不禁感叹：“古时候洛阳纸贵尚可买到，如今拿钱也买不到画纸。没有纸，未必叫我去甘肃敦煌喝西北风吗？”

一句感叹，道出了艺术大师张大千对纸的倚重，也由之引出了他去纸乡夹江的必须、必要与必然。

张大千是一个执着的人，一个不达目的誓不罢休、意志坚强的人。情急之中，张大千想到了自己的好友“诗婢家”老板郑伯英先生。

“诗婢家”由郑伯英的父亲郑次清于1920年创办，1936年郑伯英接手经营。郑伯英接手后，初时主要经营装裱业务，又增加了木刻水印、书画简册、文房四宝、彩色名笺等经营项目，使“诗婢家”成了当时文人雅士光顾之地。川内的文化名人常在“诗婢家”相约小聚，谈天说地，品古鉴今，诗画唱和。抗战期间，大量的北方、江南人士流寓巴蜀，遍布西南，一大批文化精英也到了成都。徐悲鸿、张大千、黄君璧、董寿平等大师的作品均在此装裱，店铺声誉日隆。故张大千与老板郑伯英结下了深厚的情谊。

春天的成都，放眼红湿处，花香在屋檐下静静飘荡，沁人心脾；漫步石板路，清风在绿叶间簌簌流动，梳人灵魂。碧绿垂柳、黛翠修竹、树丛幼鸟、花间小虫……尽显活力，尽展生机。一切都是那样的惬意，宁静，清爽，生气勃勃。

这天，张大千早早从寓所出来，穿过碧绿垂柳，黛翠修竹，石板小路，来到羊市街“诗婢家”，请郑伯英帮忙想办法，解决去敦煌所需纸张的难题。郑伯英告诉他说：“因日寇大举入侵，安徽纸早已断货，一时半会无法弄到。我这里只有夹江的粉连四纸，品质不错，八先生（张大千排行老八）何不一试？”

张大千与郑伯英喝足工夫茶，聊完购纸之事，买了一些夹江“粉连四纸”，带回寓所试笔。

以嫩竹为主要原料生产的夹江手工书画纸，具有洁白柔软、浸润保墨、纤维细腻、纹理纯净等优势。但因质地绵韧，抗水性差，受墨和浸润性能也不甚佳，达不到国画大师张大千高标准、严要求的绘画效果。

出于无法买到安徽宣纸的无奈，出于对敦煌石窟艺术的执着，张大千决定亲自去夹江，对可造、堪用的夹江“粉连四纸”加以研究、改良，使其成为一种宜书宜画的新型宣纸，既解决自己赴敦煌大量用纸的需要，又满足当时紧缺的书画文化市场对纸张的需求。

由此，国画大师与千年纸乡夹江在抗日战争的时代大背景下，历史地结缘。这种时代大背景下的结缘，实属偶然中的必然。

五

一个人去夹江，张大千感到有些孤单。于是，便去找自己的挚友晏济元商量，希望能与他一道前往夹江。

晏济元1901年出生于内江，与张大千是远房亲戚，论年岁张大千长晏济元两岁，论辈分晏济元大张大千一辈，为姻亲表叔。那时张大千家里不富裕，张大千的母亲就画一些图案在鞋子、枕芯上，刺绣好后，由张大千的父亲拿到街上去卖。晏济元的父亲与张大千的父亲相互帮助，过往甚密，张大千与晏济元也因此自幼常在一起玩耍、习画，实属“总角之交”。告别童年后，晏济元先到成都读书，后又去上海与张大千相会。这时，张大千已在美术界崭露头角，声誉渐起。晏济元曾一度寄宿于张大千家，共同临池作画，相互切磋书画技艺。后来，在张大千的帮助下，晏济元东渡日本留学。1937年12月，晏济元从日本回到祖国，张大千亲自到天津码头迎接。以后的半年多时间，晏济元就住在北京罗贤胡同的张大千家。1938年7月，晏济元受张大千之托，带领张大千的夫人杨宛君，张大千的儿子心亮、心智和张大千的重要作品、藏品，冒险离开北平赶赴上海，辗转回到重庆。10月，又由重庆带到成都，与从北平脱险逃回四川的张大千团聚。

晏济元不仅喜爱书画，而且曾在日本学习过化工。两人商量后，晏济元认为改良夹江“粉连四纸”是个好办法，遂欣然同意随张大千到夹江实地考察。

1939年的夹江纸乡，春光明媚，春意盎然，春潮激荡。因为抗日战争的缘故，因为蒋介石一纸“拯救批谕”，因为省政府的“拯救夹江土纸方案”，因为国民政府迁都重庆，迎来了夹江纸业的“黄金时期”。广大纸农们的生产积极性，被政府、市场充分调动起来。河东、河西、十里八乡的村落间，像碉堡一样的篁锅冒起了青烟。纸乡夹江的纸业生产得到了前所未有的发展，达到了历史的巅峰。

张大千与晏济元为改良夹江“粉连四纸”到夹江实地考察时，横贯夹江县境的青衣江上，运纸的水上运业空前繁荣，来往于青衣江周渡、姜渡两处码头的运纸船筏，成排成队，纸捆堆积如山。往返于成都、乐山的陆路运输，车如流水，脚夫如潮。当他们一踏上夹江这片热土时，明显感觉到夹江纸业热火朝天、热闹非凡的蓬勃生机。

当天，他们住在了金祥街仁和旅馆。

仁和旅馆的董老板，得知张大千的来意时，热心地建议他们去找夹江县城开仁慈医所的张定侯医师帮忙。张定侯与张大千一见如故。两人亲切交谈后，张定侯便带领张大千，去到北街夹江著名的石子清纸坊的经销商李东平的纸铺，找到石子清之子石国良。其时，石子清已于1938年去世。

石国良一看到面色红润，额头眉浓，胸前飘洒着乌黑油亮的长须，身着一件洁净的蓝色长袍，相貌不凡，气韵不俗，文气十足的张大千，格外敬重。言谈中得知大胡子先生是一位驰名中外的大画家，又是专程来夹江考察、选购书画用纸的，更是高兴，热情邀请张大千与晏济元到家作客，考察自家纸坊，指导抄制上乘书画用纸。石国良的邀请，正合张大千之意，当即就与晏济元一道，跟随石国良前往马村乡石堰村石子清纸坊。

张大千与晏济元分坐一乘滑竿，随石国良出夹江县城，沿老成乐公路往成都方向行十余里，来到黄土埂后，往左折到石堰山口，再右拐进入一条名叫叠山沟的峡谷，踏上了去往石子清纸坊的山路。

石堰山，山峦起伏，山影碧透。叠山沟，谷幽径深，翠竹相拥。一条小溪由山谷缓缓流出，沿着小溪上行，越往深处走，竹愈来愈多，愈来愈浓密。近观，修竹挺拔，亭亭玉立，竹影婆娑，竹风飒爽；远望，竹海茫茫，竹涛荡漾，重重叠叠，郁郁苍苍。竹林十分幽静，叮咚的泉水，格外响亮清脆；欢笑的鸟声，尤为悦耳动听。

行至山路尽头，张大千与晏济元下了滑竿，沿林中石阶小道，步行攀登二十余米陡坡，来到了石子清纸坊。

六

石子清纸坊建在山谷深处的半山腰中，为川西南农村典型的四合院。整个宅院为正方形，占地约4亩。房屋为全木结构，雕梁镂窗，屋脊高耸，屋宇轩昂。早已为幽谷、清泉、翠林、竹海、鸣鸟……陶醉了的张大千，一进到这座风格典雅庄重的宅院，更为欢心。

“咱们不回县城了，就在这里住下如何？”张大千征询晏济元的意见。

“好啊！”晏济元高兴地说，“我看这儿一点都不比你在青城山上清宫的住地差。”

“非常欢迎！”纯朴、热情的石国良连忙插话说，“我们家房子大，客房多。有两间屋子我先带你们去看一看，如果满意的话，我就让人给收拾一下。”

石国良带着张大千与晏济元从开阔的正门走进四合院。四合院正中是一个大院坝，院坝的地面用石板铺砌，平整古朴。进入四合院，石国良把他俩带到了左侧面的一套双开门套房。

一进套房门，是一个不算大的堂屋，左右两边各有一间客人卧室。左手边的一间卧室，约12平方米，木板铺地，木板吊顶，木板围壁，温馨舒适。卧室内一页镂花小窗通向院坝，透过小窗可望见院外清新的山影。小窗下安有一张八仙桌，桌的两旁各有一张太师椅。临窗侧后搁置一张雕龙描凤的大木床，床前安放有便于上下的脚踏板。征得张大千同意后，石国良把他安排在了这间卧室居住。晏济元住在了张大千对面的一间同样大小的卧室。

堂屋靠后有一道侧门，由侧门进到堂屋背后，是一间大厢房。厢房无门，面向群山洞开，格外敞亮。厢房正中并放有两张八仙桌，桌面铺有一张羊毛画毡，上面放有供书画家、纸商试纸用的笔墨纸砚，随时可供来客挥毫试纸使用。厢房雕梁画栋的画室外面，有一观景台，顺势搭建于巨石之上。石柱直立，巧夺天工，木石栏杆，古意盎然。观景台边，老梅盘曲，长势奇特，百花争艳，春兰幽香。观景台前方有一个半圆形水池，各色锦鲤，悠然其中。

这个精心打造的后花园，高耸于山腰，面向进山幽谷。凭栏远眺，山谷两侧，青山叠峰，苍岭凌空，山势嵯峨，古木拥翠；放眼四望，大山深处，山崖浮云，竹海绕雾，如诗如画；洗耳静听，山林翠竹中百鸟齐鸣之音不绝于耳，掩映农舍里鸡鸣犬吠之声忽远忽近传入。在这人间仙境，世外桃源，张大千与晏济元后来欣然住上了一个多月。

居室确定后，石国良又带着张大千与晏济元从客房返到四合院院坝，由院坝右侧的一扇偏门穿过道出四合院，来到紧靠四合院后侧面的造纸作坊。

造纸作坊热闹非凡，别有一番景象。

在一个屋顶严实，四面通透的工棚里，数口大小不一的纸槽分列在一条通道两侧，十来个抄纸师傅，有的在纸槽边卖力地捣制纸料，有的在纸槽里有序地抄舀纸张。

在屋前下方不远处的山崖旁，有几个女工在隔层板壁上刷壁晾纸。

穿过工棚通道，他们踏着石板铺设的小路，来到竹林掩映的小溪边。浓密茂盛的竹叶，犹如一顶碧绿色的华盖，遮住了太阳，遮住了白云，遮住了蓝天，给大地投下了一片阴凉。然而，却遮不住这片大地生机勃勃的万千景色，遮不住这片大地热火朝天的劳动景象。

沿溪下行十来米，一口硕大的蒸煮竹麻的篁锅，冒着浓浓白烟，七八个汉子，赤裸上身，站在顶端，手拿长竿，一边喊唱着高亢有力的竹麻号子，一边随着竹麻号子的节拍，卖力地舂捣锅内的竹麻。

蔡伦先师把纸造，
王母娘娘出药方。
一瓢花药一瓢浆，
神仙指点成纸张。
学生用来做文章，
中举闻名天下扬。
……

内容古朴，声音粗犷的竹麻号子，一声声，一阵阵，放歌竹海，穿透山林，在生机勃勃的幽谷中飘荡，震撼这个绿透了的土地。

篁锅侧面的坚硬土坝上，六个妇女，两人一组，挥动帘耙，伴随着竹麻号子的铿锵节拍敲打竹麻。

石子清纸坊的房前屋后，山间溪旁，数十名造纸技师和纸农们，在有条、有序、有力地分工中紧密配合，在欢乐、欢欣、欢快的劳动歌声里相互支援，共同唱响了我国传统手工造纸的15个工序，72道环节的交响乐曲。

张大千第一次参观造纸作坊，第一次目睹手工造纸的工具、原料和工艺流程，第一次感悟竹麻号子的魅力，第一次眼见如此大规模的手工造纸现场，好奇地向造纸师傅问道："你们这里的如此大规模的造纸，是什么时候开始的？"

造纸技师们以为张大千是来考察、了解夹江的造纸历史，自豪地告诉他说："夹江造纸的历史悠久，比你的胡子全部接起来还要长。唐代女诗人薛涛的父亲曾经在夹江做过南安驿吏，跟当地的造纸师傅学过抄纸；康熙年间，夹江纸'方细土连'被钦定为生活贡纸，进入皇宫；乾隆时期，夹江宣纸'长帘文卷'被作为科举考试试卷的专门用纸，每年贡奉10万多张……"

夹江纸的这一段辉煌历史，让张大千大开眼界。他在成都时只听说夹江造纸的人多，是个造纸之乡，但没有想到夹江造纸的历史会这么悠久，这么辉煌，不自觉地加深了对承载自己劳动成果书画纸张的情感，增强了来夹江改造优质书画纸的信心。

张大千不是来考察夹江造纸史的，是带着解决夹江纯竹料制作的书画纸三个缺点：拉力不够，绵韧性弱，抗水性差的目的而来的。他想通过解决这三个问题，提高夹江纸质，造出理想的书画用纸，带到敦煌备用。他没有更多地向大家了解夹江造纸历史和众多的传说，重点就如何解决上述的三个问题，与大家进行了探讨。

有造纸技师提议，在竹麻中加入一些寸把长的棉麻，解决拉力和绵韧性问题；在纸浆中加入一些松香，增加抗水能力；再配一定比例的白矾，增加白度和光洁。这样改进配方后抄出的纸，再重的笔，再浓的墨，都能承受，怕的是会影响浸润效果。

造纸技师的建议，得到张大千和晏济元的认可。于是，造纸师傅们在原纯竹麻的成分中加入了一些棉麻纤维，增加了纸的抗拉能力。在纸浆的配方上进行了多次试验，不断地调整纸浆中各种化学药品的投放比例，提升纸的浸润能力。

在学过化工的晏济元帮助指导下，在张大千反复试笔的效果检验中，工匠师傅们经过一次又一次的反复实践，终于成功地生产出洁白无瑕、柔软如绵，可供浓墨重彩肆意挥洒的新一代书画纸。

张大千大喜，拿起一张制造好的新纸，铺放在卧室厢房的八仙桌画案上，当即试起笔来。斗笔浓墨，挥洒纸素，沁润洇化，应手随意。不一会儿，一幅水墨淋漓，气势磅礴的荷花跃然纸上。

张大千欢欣不已，一连试了好几张，新试制的书画纸，抗拉能力，抗水能力，绵韧性能，浸润效果，优势彰显。

张大千高兴得呵呵大笑，连声称赞："好纸，好纸啊！我看乾隆皇帝用的御纸也不过如此。"

笑毕，张大千又竖起大拇指，仰天说道："这下好了，咱们中国有徽、夹二宣，堪称二宝。我也不会去敦煌喝西北风了！”

张大千欣喜之余，把亲自参与和指导下试制成功的新一代夹江书画纸，以自己的画室“大风堂”为据，命其名为“大风堂纸”。又根据作画的需要，亲自设计了抄纸的竹帘，设计出4×2尺和5×2.5尺两种规格。为了防止别人仿自己的画作，张大千还别出心裁地让工匠们在抄纸的竹帘中央编上“蜀笺”、在两端编上“大风堂造”字样。用这种竹帘抄制出的纸张，只要对着光亮，“蜀笺”“大风堂造”的印记，便会显现出来。

张大千在石子清纸坊亲眼看见了一张薄如蝉翼，承载自己国画艺术的书画纸，需要将数以百万斤的当年生嫩竹砍下运送到山下的大池窖中水沤杀青，然后再通过槌打、浆灰、蒸煮、煮料、浸泡、发酵、捣料、加漂、下槽、抄纸、榨纸、刷纸、整理切割等繁复工序，历时3个多月才能制造出来，非常艰辛。制造优质的“大风堂纸”，难度更大，更加费工费时。于是，以高出原“粉连四纸”五六倍的价格，一次就向石国良定购了200刀，100张为一刀，共计2万张“大风堂纸”。

七

张大千在石子清纸坊，成功地试制并定购了称心如意的“大风堂纸”后，与晏济元又回到县城金祥街仁和旅馆。

放下心来的张大千在回成都前，听说夹江城西有一唐代古迹千佛岩，心里十分高兴，便与晏济元一道，兴致勃勃去千佛岩游玩。

夹江千佛岩位于县城西3公里“两山对峙，一水中流”的青衣江畔，依山傍水，风光秀美。景区东起聚贤桥，西至金像寺，北抵大观山，南达依凤寺，面积约4.5平方公里。民国之前，这里保留着石刻佛像162窟，共2470多尊。这2470多尊佛像，密集分布在铁石关下栈道右边临江陡峭的崖壁上。

千佛岩的摩崖造像基本上是由民间自发镌造的，因而内容丰富多样，艺术形象也多姿多彩。其中的弥勒坐佛龛、净土变龛、天王龛及多窟观音像龛，都是盛唐造像的精品。造像中最大的弥勒像，高2.7米，造型优美。面部丰满，形如满月；目光有神，凝视前方，充满自信；鼻直宽厚，与广额通连，口角微含笑意，显示出内心的宁静，胸怀的博大，给人以慈祥、亲切、崇高、稳重之感。二胁侍菩萨服饰华美，衣纹流畅，肌肉丰硕，体积感很强。这些佛像造像，排列错落有致，少则独占一窟，多则上百尊集于一窟，大可逾丈，小不及尺，

中国古代文化灿烂辉煌，石窟艺术又是古代文化中的一朵奇葩。技艺精湛，姿态各异，绚丽多彩，造型优美，融汇了中国绘画和雕塑的传统技法和审美情趣的石凿佛像，显示了中国古代高超的石刻艺术水平。

夹江千佛岩的摩崖造像所具有的艺术魅力，深深地感染着张

大千，吸引着张大千。原本只想走马观花，游览观光的张大千，兴致一上，改变主意，定下心来，当即取出随身携带的纸笔，对着石窟精美佛像，虔心临摹起来。

酷爱石窟艺术的张大千，对众多的艺术精品，不停临摹，难以割舍，不愿离去。不知不觉间，天渐渐黑了下来。

“该吃晚饭了。”晏济元望着手不释卷的好友张大千说。

“啊！是该吃晚饭了。”晏济元的提醒，使张大千顿感饥肠辘辘。

此时的青衣江，夕阳晚照，金波萦绕，江边渔火，炊烟袅袅。一艘临江渔船上浓浓的，带着稻香味的炊烟，吸引住了张大千好奇的视野，大开了他品尝鱼鲜的胃口。

“走，到渔船上买鲜鱼吃！”张大千对晏济元说。

“我知道你是从来不带钱的。”对张大千了如指掌的晏济元说，“我今天也身无分文，咱们还是回县城随便吃点东西算了。”

张大千犹豫片刻，诙谐地说：“走吧，船到桥头自然直嘛！”说完，不由分说地拉着晏济元的手登上渔船。

张大千与晏济元一上渔船，一个年轻渔夫迎了上来。

“二位先生想吃什么鱼？我们这里鲫鱼、鲤鱼、青波……都有。”渔夫笑容满面地问道。

“先借张桌子用一用。”张大千没有正面回答。

渔夫把张大千与晏济元带到了一张饭桌前。只见张大千铺开随身携带的画毡及新研制的“大风堂纸”，取出砚墨、毛笔。

知道张大千要画画，但不知道为啥要画的晏济元，本能地帮忙磨好砚墨。

张大千就着江水，润透斗笔，在砚边舔上浓墨，大笔一挥，寥寥数笔，一条鲜活的鲤鱼跃然纸上。

画毕，张大千取出印玺，用嘴哈了哈气，在落款处盖上印章，才笑呵呵地回答渔夫说："咱俩是来吃鱼的。但不瞒你说，我们身上都没带钱，只好用这张纸鱼来换活鱼吃了。实属无奈之举，无奈之举啊！"

渔夫一见美髯拂胸，气宇轩昂的张大千，就觉得非等闲之辈。又见他画了一条纸鱼，绕了一个弯子才说明想吃鱼又没有带钱，忙笑着回答道："一张纸画的鱼能值多少钱，您就收起来吧！来者是客。二位能到我们船上做客，也是一种缘分。今天我捕了一条两斤多重的鲤鱼，就算我请客坐东，让二位尝尝我们渔家做鲜鱼的手艺好了。"

渔家好客，张大千豪爽。他二话没说，就高兴地坐了下来，与晏济元一道美美地吃完渔家用青衣江活水烹饪的当日鲜鱼。虽还未尽兴，但天色已晚。为忙着赶回县城，张大千没有久坐。

临行时，张大千折叠好干透的画，交与渔夫，说："明天，你把我画的这条纸鱼拿到国粹裱褙铺，向老板卖20个大洋。顺便买些酒菜，明天我还要来千佛岩画佛像，晚上就到你家船上和你们一起吃饭。"

第二天，渔夫拿着张大千画的纸鱼，半信半疑地去到国粹裱褙铺，大着胆子提出换20个大洋。

裱褙铺老板拿起高倍放大镜，对着画仔细端详了半天，然后询问起了画的来历。当听到渔夫说是一个到千佛岩画菩萨的大胡子先生上他家渔船吃鱼时画的，裱褙铺老板当即收下纸鱼，拿出20个大洋，用纸包好，交与渔夫，笑着说："以后如有这个大胡子先生的画，不要给别人，都给我拿来，有多少我要多少，价钱嘛好说。"

渔夫根本没想到一张纸鱼能卖20个大洋，高兴之余，除买了好酒好菜，还买了一只鸡，准备晚上好好感激、招待大胡子先生。

渔夫回到千佛岩时，恰好张大千与晏济元也来到了千佛岩。

"画卖了没有？"张大千一见渔夫便问。

"卖脱了、卖脱了！"渔夫高兴地答道，"裱褙铺老板还想要呢！说有多少要多少。"

"这回确实是便宜了他，下一回就得向他要100个大洋了。"张大千喜笑颜开地说。

渔夫惊得瞪大了眼睛。

张大千为临摹千佛岩佛像，在夹江多待了一个多星期。

回到成都后不久，他亲自参与研制的第一批"大风堂纸"运到了成都。兴奋不已的张大千，创作激情迸发，仅二三十天，就用夹江纸画出了上百件作品。山水、人物、花卉、翎毛，绚丽多彩，美不胜收。张大千特意在成都举办了一个大型画展，一方面是为去敦煌筹集经费，再就是要刻意展示一下自己甚为得意的“大风堂纸”。著名画家徐悲鸿、傅抱石、蒋兆和、董寿平等闻讯后，纷纷找张大千讨要夹江纸。用后齐声道好。从此，夹江书画纸的名声不胫而走，畅销全国，远销海外。

八

1941年3月，享誉海内外的国画大师张大千，怀着对敦煌莫高窟的无限向往之情，不顾家人与亲友的反对，带足自己在夹江亲自督造的“大风堂纸”，携夫人杨宛君、次子张心智以及画家孙宗慰、肖建初、谢稚柳等，踏上了去敦煌的艰难旅程。

张大千一行经过长途跋涉，穿越千里黄沙，万顷戈壁，风餐露宿，历尽艰辛，来到了向往已久的敦煌莫高窟。

当张大千第一次走到洞窟时，便迫不及待地提着灯进入洞窟内。在微弱的灯光下，他被眼前的情景震撼了。他梦寐以求的敦煌壁画的水平之高，数量之巨，比他想象的更宏大，更辉煌。石窟内的所有墙壁，从头到脚，都充满了五彩缤纷的各种壁画。在连接洞口的甬道墙壁上，也精细地画满了壁画。整个莫高窟真如一座铺天盖地，金碧辉煌、玲珑满目的艺术宫殿。

张大千太惊喜了。骤然改变了原来打算在敦煌石窟待三两个月的计划，决定留住下来，一方面清理流沙，维修栈道，给石窟登记编号，以保护这个艺术殿堂免遭破坏；另一方面临摹壁画，潜心研究，吸取敦煌宝库丰富的艺术营养。

张大千在人迹罕至的戈壁沙域，风餐露宿，殚精竭虑，在抵敦煌的7个月中，立架竖梯，对石窟的结构、彩塑与壁画的内容、多少、大小均做了文字说明和年代考证，按序编制了窟号309窟；撰写了长达20万言的学术专著；同时，临摹壁画276幅。诗人鲍少游盛赞张大千敦煌之举，“丰功媲美玄奘”。

张大千离开敦煌后，陆续在兰州、重庆、成都、上海等地举办了临摹敦煌壁画展览。一时间人潮如涌，震惊中外，促进了艺术界、史学界及社会贤达对发掘敦煌宝藏，保护敦煌艺术宝库的极大兴趣。

敦煌之行是张大千艺术道路上的一个重要转折，经过敦煌艺术的洗礼，他的视野更开阔，气势更恢宏，技巧更娴熟，手法更多样，艺术水平上升到一个全新的境界，对他以后的艺术创作产生了不可估量的影响。

从四川到敦煌，再从敦煌到四川，张大千用夹江纸画出了一生中许多重要的作品。从缤纷绚丽的莫高窟舒袖飞天的华丽纤丰，到泼彩浓墨的青城峨眉的灵秀气韵，无不跃然夹江纸上。在张大千的艺术生涯中，夹江纸的贡献，大如无量敦煌宝库；在张大千的心目中，夹江纸的分量，重过高耸青城峨眉。

夹江纸承载了张大千敦煌的艺术大作，承载了张大千的艺术人生，承载了张大千对夹江纸乡的深厚情谊。张大千从敦煌回成都后，又一次到夹江定制“大风堂纸”，又一次去到石子清纸坊与造纸技师畅谈夹江辉煌纸史，又一次在上次居住的卧室住了一段时间，在卧室外的那个小巧别致的花园，凭栏远眺石堰村万顷竹海，秀美山林。

九

由于历史的缘故，1949年张大千离开大陆，去到国外，最后定居台湾，再也没有回到大陆，再也没有机会去到令他心驰神往的夹江。不过，张大千对夹江的深厚情愫，张大千对夹江纸业的巨大贡献，夹江人民铭记在心。

1983年4月，张大千在台北逝世后，夹江县委、县人民政府就于当年11月，将夹江优质书画纸命名为“大千书画纸”。

1994年4月，夹江县委、县人民政府又做出决定，将张大千50多年前寓居过的马村乡石堰村石子清造纸作坊命名为“大千纸坊”，作为宣扬张大千对夹江纸乡特殊贡献，展示中华传统造纸艺术的一个窗口，对游人开放。

1999年，在张大千诞辰100周年之际，夹江县委、县人民政府又积极倡议并参与主办了在中国美术馆举办的“纪念张大千先生诞辰100周年华人书画名家精品展”。展会共展出了大陆、台湾、香港著名书画家和张大千先生弟子的精品力作600幅。时任全国政协副主席王文远、经叔平、周铁农出席了开幕式。

结束语

以嫩竹为主料生产的夹江手工书画纸，具有洁白柔软、浸润保墨、纤维细腻、纹理纯净等优势，但绵韧度不够。经张大千与夹江的造纸师傅们一道研究改进，达到了“韧而能润、光而不滑、洁白稠密、搓折无损、润墨性强”的优良特质，并有独特的渗透、润滑性能。写字则骨神兼备，作画则神采飞扬，成为最能体现中国艺术风格的书画纸，与安徽宣纸齐名、驰名、盛名。

张大千在山河破碎，无纸难以为艺时，因夹江提供的优质手工书画纸，成就了自己的敦煌梦，承载了自己的艺术人生，与夹江纸乡结下了深厚的情缘。直到临近人生终点时，还用自己珍藏的夹江书画纸，挥毫泼墨，在得意之作里，特意留下“此大风堂五十年前所制宽纹纸也，大有宋褚风韵，不可多得矣”的题款，留下了对纸乡夹江深切的思念，厚重的情愫。

夹江手工书画纸因张大千而名扬海内外。张大千对夹江纸业的巨大贡献，夹江人民也时刻不忘，铭记在心。夹江县人民政府将夹江优质书画纸命名为“大千书画纸”，又将张大千50多年前寓居过的马村乡石子清造纸作坊命名为“大千纸坊”。可谓缘深，足见情重。

不知是哪位哲人说过，“真正的缘，不是来得早，而是来了以后不再走”。国画大师张大千到夹江纸乡改造优质“大风堂纸”一事，虽已是20世纪30年代末、40年代初的事，但张大千与夹江纸乡的深厚情缘，却永载夹江造纸史册，永驻夹江人民心中，永垂千年纸乡！

第六章　国家主席力挺纸乡繁荣兴旺

引　言

抗日战争结束后，民国政府由重庆迁回南京。全国政治、经济、文化中心随之转移，夹江纸业受到一定影响。不久，国共两党的国内战争爆发，社会动荡，大批槽户相继倒闭，夹江纸业陷入低谷。1949年底，每10个造纸工人就有9个待业在家。

中华人民共和国成立后，新生的人民政府采取紧急措施，促进夹江纸业恢复和发展。1951年，夹江县成立了以县长王承基为主任的槽户委员会，千方百计帮助造纸户解决粮食、资金和原料困难，夹江纸业得以复苏。1956年，产量恢复到4700吨，夹江手工造纸又一次畅销全国各地，出口海外。

1958年不切实际地“大跃进”，违背经济规律地“大炼钢铁”等一系列政策上的失误，以及接踵而来的三年自然灾害，使夹江纸业受到严重影响。1966年爆发的“文化大革命”，更是对夹江纸业造成了严重破坏。“文化大革命”结束后的1977年，夹江全县的纸产量仅1200吨，其中书画纸只有20余吨。

1978年初，新华社记者李绍伊与夹江县委宣传部干部游镜良，将夹江纸业的困境写成内参，报送中央领导。1978年4月17日，时任国务院常务副总理的李先念看到内参后，做出语重心长的批示：“望轻工部、四川省或者还有安徽省积极采取措施，认真落实有关政策，救救国画纸的生产吧！使我国的文化艺术更加繁荣兴旺。对此，人民会感谢你们的。”

李先念的批示，引起了各方面的重视，夹江手工造纸业迎来生机，又一次兴起，走向兴旺。截至1983年底，全县实际产纸3000吨，生产水平超过了“文化大革命”前一年。夹江手工纸从此走上以国画纸为主的发展道路。国画纸的销售遍及省内外，远销至港澳等地。

1983年，夹江县在农村土地承包分配完成之后，开展了家庭造纸作坊的分配改革，一大批新兴的、独立的家庭造纸作坊，在改革春风的吹拂中，像雨后春笋般蓬勃发展起来。夹江纸业在技术革新、市场开拓、产品升级中，迈上了新的高度。夹江勤劳聪慧的广大纸农、造纸精英们，豪情满怀地走进了快速发展的新时代。

一

1945年8月15日，日本宣布无条件投降。

1946年5月初，民国政府还都南京。全国政治、经济、文化和舆论中心，随之由重庆转移。国内的报刊、通讯社，各国驻华大使馆及其通讯社，世界各大新闻派驻机构，也相继撤离。在这一历史大变迁中，夹江手工造纸的广阔市场受到影响，需求锐减。

抗日战争胜利后，国共两党在重庆谈判，双方同意避免内战，并签订了《会谈纪要》，但未能就共产党政权及军队的合法性达成共识。不久蒋介石撕毁协议，国共内战全面爆发。

国共两党的第二次国内战争爆发后，物价不断上涨，货币急剧贬值，百业迅速凋零。在这一社会大动荡的历史背景下，夹江纸业受到严重冲击，每况愈下，纸业生产由抗战的“黄金时期”跌入低谷，年产量由8000多吨锐减为1000吨左右。全县15万人口，原有约8万人靠纸业吃饭，到1949年底，只有200多家槽户还在苦苦挣扎，维持着造纸营生。每10个造纸工人中，就有9个待业在家。夹江纸业处于崩溃的边缘。

二

1949年，在历经了辽沈、平津、淮海三大战役后，国民党军队节节败退。人民解放军渡过长江，占领民国南京总统府，国民党当局被迫离开南京退至台湾。

10月1日，中华人民共和国成立。紧接着中国人民解放军第二野战军“刘邓大军”，挺进大西南，解放全中国。

12月16日，中国人民解放军二野16军48师142团由乐山至夹江追歼国民党军队冷启珍部。残敌弃城沿青衣江向洪雅方向逃窜。解放军由东门入城，随即分路沿东大街、北街、毛街、西街往西门外追击。至千佛岩茅坝，将逃敌全歼，夹江至此解放。

1950年1月5日，川西北临时军政委员会任命王承基为夹江县县长、代理中共夹江县委书记，任命王子明为夹江县副县长。

1月6日，夹江县人民政府发布公告，宣布夹江县人民政府成立。

1月7日，上万群众在夹江县民众教育馆广场（现夹江文轩书店、邮政局前街心花园处）举行庆祝大会，热烈庆祝新生的夹江县人民政府成立。

新生的人民政府成立后，在“彻底消灭国民党反动派的残余势力，建设新夹江”的指导思想下，深入发动群众开展“减租、退押、清匪、反霸”运动，稳定治安，恢复社会秩序。紧接着，广泛开展了“土地改革”运动，发展经济，改善民生。处于崩溃边缘的夹江纸业，枯木逢春。

1950年6月朝鲜战争爆发，此时的新中国，一穷二白，百业待兴。就纸业而言，东部沿海的多数造纸厂皆因战争毁损，尚未恢复生产。美国的经济封锁又切断了所有的纸张进口来源。而与此同时，奋发图强的新生人民政权，正急需要大量的纸张宣传执政目标和方针政策，动员群众参与抗美援朝及各项政治运动和经济建设。纸张成了必要的战斗武器，成了像粮食一样急迫的战备物资。

1951年初，西南区在重庆召开的工业会议强调指出：“在抗美援朝保家卫国的号召下，纸张是必要的战争武器之一。我们需以最大的热情与毅力来完成这一最有历史性、战争性、国际性光荣的生产任务。”在当时的川西地区，现代机器造纸厂的产量只占总产纸量的9%，而夹江传统手工造纸的产量却占到总产纸量的86%，剩下的5%来自四川其他地区的手工纸坊。抗美援朝、保家卫国中的造纸这一“历史性、战争性、国际性光荣的生产任务”，几乎不可避免地全部落到了夹江纸农的身上。夹江纸乡的造纸业，引起了各级党委、政府的高度重视。

1951年5月，夹江县人民政府为担负起“历史性、战争性、国际性光荣的生产任务”，卓有成效地发展夹江纸业生产，召开了第一次槽户代表大会，成立了夹江县槽户委员会。夹江县的第一任县长王承基，亲自挂帅，领衔担任槽户委员会主任。

为了调动起纸农的生产积极性，尽快恢复纸业生产，大力发展造纸业，在当时不管是社会还是政府、军队都严重缺粮的情况下，县政府立即向槽户发放100吨救济粮，帮助纸农度过春荒。在资金和物资紧缺的情况下，千方百计为造纸户解决生产资金的短缺和原材料的不足，投放了100万元贷款，组织了苏打、漂白粉和竹料等援助物资，帮助造纸户恢复生产。至1951年底，全县槽户由200多户很快恢复发展到4250余户，从业2.1万人，当年纸产量就恢复到4700余吨。

处于崩溃边缘的夹江造纸业，又一次焕发生机，再一次从低谷崛起。在1953年至1957年新中国第一个“五年计划”期间，生产纸张2万多吨，年产量均保持在4000吨上下。纯朴、厚道的夹江纸乡人民，用自己的勤劳双手，为新生的人民政权的建立和巩固，为完成抗美援朝、保家卫国赋予的“历史性、战争性、国际性光荣的生产任务”，为地方经济的恢复和发展，做出了继抗日战争后的又一份重大的历史性贡献。

三

1958年开始，极“左”的“大跃进”方针，使夹江纸业再次受到严重冲击，产量开始下滑。

“大跃进”对夹江纸业的影响，首先反映在纸农劳动力的转移和浪费上。这里有一个所有制关系调整出现的体制多变问题。

1955年，夹江县第一个造纸生产合作社在南安乡成立。1956年底公私合营后，夹江县所有的造纸户组成了32个造纸生产合作社，社员4438人。1957年，造纸生产合作社和农业生产合作社合并组建60个工农业生产合作社，劳动力、资金统一调配，造纸和农业兼顾。1958年，60个工农业生产合作社又合并组建为15个地方国营纸厂，2496人成为纸厂职工。其余的近2000余人，转入人民公社以造纸为副业的集体行列。

为实现“大跃进”的宏伟指标，特别是“钢产量翻番”的目标，夹江县几乎三分之一的人口投入了大炼钢铁的战斗中，每个乡镇都动员了上千人建设炼钢炉。以造纸为副业的纸农全部投入炼钢战斗或基础设施建设中。使夹江造纸业受到严重影响。好在国营造纸厂的工人不用参加钢铁生产和基本建设，才使夹江纸业在1958年维持了一定的产量。

“大跃进”对夹江纸业的影响，还有土法炼钢使漫山遍野的竹林遭到破坏。夹江手工造纸的传统原料是竹麻，而竹麻又产于竹林。竹林资源的好坏，直接影响造纸生产。土法上马的大炼钢铁，所用炼钢的燃料大量耗用木柴和竹子，做法虽极不科学，近乎愚昧，却就是要蛮干，致使大片的林木遭到砍伐。好在时间不长，很快得到纠正，使竹林未遭受到严重毁损。

对夹江纸业冲击最大，遭受严重毁损的是紧接而来的三年困难时期。

在三年生活困难时期，由于经济的失衡和饥荒的压迫，生产队不得不砍伐竹子，费力地将缠结地底的竹根挖出来，在山坡上种植苞谷和红苕。很快无规划的竹林砍伐转变成了系统化的毁林毁竹，作为造纸原料的竹林遭到严重毁损，全县竹林总面积由19万亩下降到约5万亩。

劳动力损失严重，竹林毁损严重，纸业自然受挫严重，纸产量大幅下降。到1961年，夹江手工造纸产量由1957年的4700多吨下降到458吨，仅为中华人民共和国成立后第一个“五年计划”期间年产纸量的10%。

崛起的夹江手工造纸业再次跌入低谷。

四

崛起的夹江手工造纸业再次跌入低谷，不仅影响了国内文化用纸的需求，而且影响到东南亚一代华侨、华人民俗冥纸的供应。

在计划经济年代，按国家计划夹江每年必须外调1000余吨民俗纸到广东，以满足广东做成各种迷信纸制品出口的需要。当时夹江的纸产品中民俗冥纸占有的份额比书画纸大得多。但458吨的产量，扣除文化用纸及其他生活用纸，民俗冥纸不足300吨，与1000吨的外调任务要求差距甚远。

民俗冥纸又称“神楮”纸。夹江竹制的民俗冥纸，纸质轻，燃烧彻底，特别是燃烧后纸灰呈银色白，更符合东南亚华侨、华人所祈求的让冥纸像阴间银钱一样，为远方的神佛和亡灵获取的心愿。加之，古代民俗中有将符纸烧化饮服的习俗，夹江用嫩竹为原料的手工神楮纸少有化学成分，烧化后易于服用。因而，东南亚华侨、华人对夹江民俗冥纸尤为喜欢，不少人只认用夹江手工纸加工的民俗纸，不认机制纸加工的冥纸钱。

不能保证夹江民俗用纸的外调任务，已不是一个简单的县域经济问题，国民经济问题，而是涉及祖国对海外侨胞的关怀，对海外统战工作的大局问题。

1961年底，因夹江纸产量大幅度下降，东南亚华侨、华人祭奠先人的民俗冥纸严重缺货，情况反馈回国内，惊动了中央。1962年，国务院对外贸易部派出两名干部，到夹江督促手工竹纸生产，要求尽快往广东调运民俗用纸，以满足华侨、华人对民俗冥纸的需求。

国务院对外贸易部门从北京直接派员坐镇夹江，引起了夹江县委、县政府的高度重视，时任县委书记郭鉴三亲自主持召开专题会议，经讨论研究，做出三条决定：一是实行退耕还林，封山育林，解决造纸原料；二是商业部门组织好烧碱、白碱供应，供销部门组织好石灰供应；三是写出专题报告，要求上级政府解决好槽户的口粮供应，提请乐山行署把土纸和国画纸列入奖售优惠政策的范围，让纸农能享受粮食和布票奖售。

几条措施中，奖售政策起到了立竿见影的作用。上级政府把夹江文化土纸、国画纸列入了奖售政策范围，成为二类产品（一类产品为粮、棉、油生活必需品）。奖售政策规定，突出奖售用于出口的净水纸，每一万张奖售粮食200斤，其他的对方纸最低只有50斤；一级国画纸每一万张奖售粮食300斤，另每万张奖励布票四尺。时间从1962年12月开始执行。

随着这些政策的贯彻落实，夹江手工造纸产量逐渐回升，从1961年的400多吨，到1962年的1017吨，再到1964年的2793吨。

尽管1964年的2793吨产量，只有中华人民共和国成立后正常年景的一半，与历史上最高的年产量相比不足为道，但夹江手工纸产量能从400多吨的低谷中艰难地走到这一步，也算是一个了不起的成绩。要知道，在第一、二个“五年计划”的拉动下，我国的工业得到迅速发展，高档的机制纸纷纷问世，在报纸、杂志、书籍、办公等各个领域中，以绝对的优势代替了手工纸。传统的夹江手工造纸的消费领域越来越小，市场销路也越来越窄。

也正因为如此，在夹江纸业重新开始兴旺，产量上升之际，又受到销路萎缩，产品滞销，大量库存积压的困扰。1965年，夹江滞销纸张库存量高达2200多吨。

直接承担促销重任的时任县供销社主任廖泰灵，面对纸业滞销，资金积压的巨大压力，面对纸张库存，日久生蚁的严重问题，十分犯愁。

幸运的是，在廖泰灵心急如焚之际，时任国务院商业部部长的姚依林，深入乐山，来到夹江，考察“三线建设”战备物资储备情况。

20世纪60年代，我国周边很不安宁，直接面临战争威胁。1965年，在国际局势日趋紧张的情况下，党中央和毛泽东主席提出了以战备为指导思想的“三线建设”战略决策，决定将沿边沿海地区的国防、科技、工业和交通基本设施部分向内地搬迁，在西南大后方建立持久的战略基地。11月，中共中央派时任商业部部长的姚依林到四川检查大三线建设物资储备情况，中旬来到夹江。

11月中旬的一天下午，廖泰灵接到城东门复兴供销社主任打来的电话，说有一位到乐山地委检查工作的首长，路过夹江时，来到了复兴供销社视察，要了解全县造纸情况。他们掌握的情况不多，让廖泰灵主任马上过去一下。

廖泰灵放下电话，从城北门县供销社急忙赶了过去。

“这是我县供销社廖主任，他对全县纸业情况最为了解。”复兴供销社主任一见廖泰灵赶到，如释重负。

“这位首长是国务院商业部姚部长。”随行人员向气喘吁吁的廖泰灵介绍说。

原本紧张的廖泰灵，一见衣着朴实，容貌憨厚，满面笑容的姚依林，一下放松了紧绷的弦。沉着地向姚依林部长详细地汇报了夹江县纸业的生产和销售情况，毫不隐瞒地向姚依林报告了夹江纸张滞销，积压严重的问题。

姚依林本是路过，是顺便，时间匆忙，来不及详细询问。听了廖泰灵反映的“纸张滞销，积压严重”问题后，非常重视，说了声：“我马上要赶到乐山地委开个会。你准备一下，我另安排时间请地委领导和我一道，专题听取你的汇报。到时，你还可以放开谈。”

姚依林一行离开夹江一个多小时以后，廖泰灵就接到县委通知，要他到峨眉红珠山宾馆开会。

专题会议在姚依林下榻的红珠山宾馆2号楼会议室召开。乐山地委参加这次会议的有副专员李兆亮、地区商业局长耿介民和供销社主任白光等领导，除夹江县供销社廖泰灵外，还有洪雅县、峨眉县商业系统的领导参加。

在会上，有了充分准备的廖泰灵，用大量的事例、具体的数据，更为详尽地汇报了夹江县纸业的生产、销售情况以及存在的问题。

在听取完大家的汇报，经过一番热烈的讨论后，姚依林部长最后说："毛主席、党中央历来重视战备工作，西南四川是'三线建设'的重点，打仗要有物资作基础，要有充足的物资储备。"他把话锋一转，针对夹江纸业问题，指示说："我路过夹江，了解了一下夹江纸的生产情况，很好！他们县一个生产队就是一个纸的生产单位，就等于一个小工厂，战争打起来是炸不完、打不垮的。现在虽然有点产品积压，不要怕，不要怕多。多了有办法，少了就危险……"

深受姚依林部长讲话鼓舞的廖泰灵，当晚就赶回夹江，将会议情况向时任县委书记段玉楷做了汇报。

姚依林部长回京后不久，国家物资局派来了两名工作人员，专程到夹江，深入南安、马村两个最大的造纸乡调查。调查后，提出了解决库存纸销路的几条意见：一是，从价格上扶持。提高文化土纸的收购价，降低销售价，实行手工造纸销售价格倒挂18%的政策。也就是政府商业部门用118元买进，只以100元的价格卖出。二是，解决相应的亏损由谁负责的问题。规定销售环节划归国营百货公司，供销系统只负责为百货公司代购。三是，按总值由百货公司付给基层供销社3%的代购手续费。在征求相关部门意见，取得共识后，他们把这几条具体意见带回了北京汇报。

12月下旬，夹江县收到省上几个相关部门的联合通知，规定从1966年开始执行这几条意见。

从恢复国民经济，渡过困难时期，直到“文化革命”前夕，在姚依林的关心下，夹江手工纸又经历了一次艰难的起死回生。

五

1966年，正当国民经济的调整基本完成，国家开始执行第三个五年计划的时候，一场长达十年，给党和人民造成严重灾难的“文化大革命”爆发了。

中共中央党史研究室著、胡绳主编的《中国共产党的七十年》一书，在总结“文化大革命”教训中写道：“‘文化大革命’的长期动乱使党、国家和各族人民遭到建国以来最严重的挫折和损失。党的组织和国家政权受到极大削弱，大批干部和群众遭受残酷迫害，民主和法制被肆意践踏，全国陷入严重的政治危机和社会危机。十年间国民收入损失约五千亿元，人民生活水平下降。”

“文化大革命”对夹江手工造纸同样造成了严重的影响和冲击。

“文化大革命”对夹江手工造纸业的冲击，严格意义上说，与市场销路和困扰密切相关。“文化大革命”并没有带来学校的欣欣向荣，反倒使学校停课，学业荒废，致使学校及学生常用的文化土纸无人问津；“文化大革命”没有带来文化的繁荣发展，反而使文学艺术界冷落凋零，作家、书画家纷纷被打为黑权威不能提笔，一般的人更不敢随意写写画画，致使书画用纸的市场锐减；“文化大革命”破“四旧”、反封建迷信，让寺庙、坟头香火断绝，致使冥纸无人敢卖，也没有人买。夹江的文化土纸、书画用纸、冥纸三大品种，经营惨淡。

“文化大革命”对夹江手工造纸业的冲击，还在于对纸农奖售政策的失落。“文化大革命”前的1962年12月，为了鼓励无粮食供应的纸农们造纸积极性，国家对夹江纸农实行了一系列奖售政策。“文化大革命”后，各级政府相继瘫痪，各项奖售政策相应无法落实，无法兑现。革委会成立后，也没人去恢复这些政策。纸农们生产的纸无销售市场，同时又失去了换成生活必需的粮食、布匹等奖售政策的支撑。造纸无以谋生，不少造纸户失去了造纸积极性，干脆放弃造纸种起了苞谷、红苕。

“文化大革命”对夹江手工造纸业最大的冲击，是极“左”思想引发的政策偏差造成的严重影响。“文化大革命”中、后期，国民经济工作中有一个重要的指导思想“以粮为纲”。“以粮为纲”，副业丢光。当时的县里在大会上就曾明确说，发展多种经济，就是不以积极的态度贯彻“以粮为纲”。1970年间，夹江的纸产量只有1200吨，已经严重滑坡，县上却发出停止发展的命令，明令不能让造纸与粮争地。一时间，“不能让造纸与粮争地”的政策，取代了1962年12月以来，县里为解决造纸原料问题而实行的“退耕还林，封山育林”的正确纸业保护政策。好不容易得以保护发展起来的竹林，又遭到大面积的砍伐。夹江县最大的造纸乡马村乡，一下就砍掉了1000多亩竹林，改种玉米。纸业减产，收入大减，纸农泪往心流。

在十年“文化大革命”期间，由于上述多种因素的综合影响和严重冲击，“文化大革命”前夕才从艰难困苦中走出，有所好转的夹江纸业，再一次陷入困境，产量逐年下降，又一次跌入低谷。

六

1976年10月，以华国锋、叶剑英、李先念等为核心的中共中央政治局，执行党和人民的意志，采取断然措施一举粉碎了“四人帮”，终结了延绵十年的“文化大革命”，从危难中挽救了党，挽救了国家，挽救了中国的社会主义事业。

粉碎“四人帮”，终结“文化大革命”，同样挽救了夹江纸业，挽救了夹江纸农的生计。

受“文化大革命”影响，逐年下滑的夹江纸业，粉碎“四人帮”后的1977年，年产量只有512吨，书画纸仅为20余吨，跌到了1962年困难时期的历史最低水平。

1978年12月18日，党的十一届三中全会在北京隆重召开。这次会议，全面认真纠正“文化大革命”中及其以前的“左”倾错误，确立了解放思想、开动脑筋、实事求是、团结一致向前看的指导方针，做出了把党和国家工作中心转移到经济建设上来、实行改革开放的历史性决策，实现了中华人民共和国成立以来我们党历史上具有深远意义的伟大转折，开启了我国改革开放和社会主义现代化的伟大征程。中国人民迈进了由站起向富起来转变的新的历史时期。

在十一届三中全会胜利召开，党和国家工作重心向经济建设上转移之时，夹江纸业仍在低谷徘徊。1978年夹江的纸产量只有552吨。

夹江手工造纸业出现新的转机，焕发新的活力，与一位德高望重的中央领导密切相关。这个人就是鼎力支持华国锋粉碎“四人帮”，为从危难中挽救党、挽救国家，挽救中国的社会主义事业做出了重大贡献的李先念。

李先念1909年6月23日生于湖北黄安（今红安）。1927年加入中国共产党，1931年后任中国工农红军第四方面军团政委、师政委、军政委。1935年参加长征。抗日战争时期，任新四军鄂豫挺进队司令，创建鄂豫边区抗日根据地。1945年10月任中原军区司令。1948年任中原军区兼中原野战军第二副司令。建国后历任湖北省委书记、省人民政府主席，武汉市委书记、市长，国务院副总理。粉碎“四人帮”后的1977年当选为中共中央政治局常委、副主席，主持国务院日常工作。1986年6月，在第六届全国人民代表大会第一次会议上，当选为中华人民共和国主席。

粉碎“四人帮”后，僵硬的文化禁锢体制被打破，我国文化艺术界迎来了百花齐放的明媚春天，书画艺术领域焕发出了蓬勃生机。创作激情澎湃的书画家们，对书画艺术载体书画纸的需求量大增，夹江有限的20余吨书画纸，远远满足不了书画界需求。一时间，北京“荣宝斋”、天津“杨柳青”和成都“诗碑家”等经销夹江书画纸的名牌纸轩断货，采购员直奔夹江求助。

1977年，新华社四川分社的记者李绍伊到夹江采访，注意到了全国国画纸供不应求，而重要的书画纸之乡夹江的纸业却濒临绝境这个极其严重的矛盾问题。他在夹江县委宣传部游镜良的协助下，采访了夹江县手工业管理局干部肖志诚、李召荣等人，深入到纸乡了解纸农们面临的困境。

李绍伊把采访中了解到的夹江造纸业面临的严重问题，以新华社记者李绍伊、通讯员游镜良的身份，写成《夹江国画纸生产濒临绝境》的报道，报送北京新华社。

作为当时历史的见证人，我敬重的老朋友游镜良不吝提供了珍藏的《夹江国画纸生产濒临绝境》一文的手写稿。摘要如下：

“素有‘国画纸之乡’声誉的四川省夹江县，由于错误路线的干扰，一些政策问题又没有解决好，造纸的生产队由原来的400多个减到现在的10个，年产量由原来的1000多吨减到现在的

20多吨。

粉碎‘四人帮’后，我国的文化美术事业繁荣兴旺，对国画纸的需求量不断增加，这一强一弱，使夹江国画纸供求矛盾越来越大。

夹江国画纸色泽光洁，纸质细嫩，吸墨性强，富有拉力，浸润好，宜于书画。这种纸长期畅销成都、重庆、北京、上海、沈阳等地，供应各工艺美术单位、文物字画商店、博物馆和高等院校，为书画家所喜用。用夹江国画纸复制和装裱的字画，在国际上也颇有声誉。

……在‘四人帮’的干扰下，国画纸生产当作资本主义批了。政策被破坏，使国画纸生产濒临绝境，去年只有20多吨。

发展国画纸生产目前关键还是政策问题。

（一）口粮问题。农村手工造纸是一项笨重劳动，体力消耗大，纸农的口粮普遍不够吃（每年约差一百余斤成品粮）。他们要求粮食政策，除按现在半年时间供应基本定量外，还应实行多产纸多吃粮的政策，以调动纸农的积极性。

（二）实行优质优价，分等评价的收购政策。鼓励提高产品质量，增加品种规格。最近，马村公社胜利大队第五生产队生产了二千吨大尺宣（六尺长、三尺宽的国画纸）新产品。经计算成本，生产队定价为每吨六角，收购部门定为四角五分，这个生产队就不愿继续生产了。县第二轻工业局收购人员也认为，国画纸不是一般纸张，它属于工艺美术品。像这样大型的新品种规格的六尺宣，是创作大幅水墨画的上品，制作时技术考究，费工费时，又挑料，因此不能用一般规格的国画纸计价。

（三）由国家统配的一些造纸原料，如烧碱等，要列入计划，具体落实，以利生产。

（四）要恢复和明确主管领导部门。现在是几不像，都不管。说是农村副业，又是手工业，请示汇报，解决问题，找不到一个业务主管部门。他们希望恢复‘文革’前的隶属关系，归属二轻局系统，从计划、物资到产品都统管起来。

夹江县委认为，迅速恢复和发展国画纸生产，条件是具备的。这里有一定的技术力量和丰富的传统生产经验，有丰富的竹、煤、石灰等原料资源。但有关部门在粮食、收购价格以及国画纸主要原料固体烧碱等方面，要给以考虑解决，扶持国画纸生产。”

新华通讯社《内参》，是新华社作为国家通讯社，向党中央及省、部领导机关报送各种内部情况，供特定级别领导阅看参考的内部刊物。是中央和地方各级领导及时了解真实的民情动态和社会走向，制定相应的方针政策，从而及时有效地解决社会问题，推进社会发展的重要渠道。新华社通过自身内参报道的权威、准确、及时、实用的特色和直达最高层的畅通无阻渠道，一直在发挥着为中央和省、部高级别的领导，掌握真实情况，科学决策服务的作用。新华社《内参》是中央和地方各级领导了解社情民意、了解实际情况的重要渠道，也是进行治国理政的重要手段。

刊载李绍伊有关《夹江国画纸生产濒临绝境》报道的新华通讯社437期《内参》，很快到了国务院主持工作的常务副总理李先念手中，引起了他的重视。1978年4月17日，李先念对《内参》中李绍伊《夹江国画纸生产濒临绝境》一文反映的问题，作出批示：

"看了此件之后，感到实在不应该发生这样的情况。林彪、特别是'四人帮'对此有严重的干扰破坏，这是肯定的，但是我们恐怕也往往忽视了发展国画纸的生产。如果这份材料反应属实的话，那么现在对国画纸的生产仍然没有给以积极的支持，而且说得不好听一点，那里是在打击生产。是不是有个别人还想消灭这类特殊商品的生产？例如国画纸的收购价格，规定得太不像话了。这怎么能调动国画纸生产的积极性呢？夹江国画纸生产如此，安徽的'玉版宣'又如何呢？希望轻工部、四川省，还有安徽省积极采取措施，认真落实有关政策，救救国画纸的生产吧！使我们的文化艺术更加繁荣兴旺！对此，人民是感谢你们的。"

"救救国画纸的生产吧！"李先念的呼声，是何等的语重心长，何等的发人深省。

"救救国画纸的生产吧！使我们的文化艺术更加繁荣兴旺！"李先念把抢救国画纸提到文化艺术的繁荣兴旺高度，又是何等的远见卓识，何等的高屋建瓴。

"救救国画纸的生产吧！使我们的文化艺术更加繁荣兴旺！对此，人民是感谢你们的。"主持人民政府工作的常务副总理，不久后的国家主席，心里想着人民，心里装着人民，一心为着人民，更是何等的动人心魄，何等的感人至深。

李先念语重心长的批示，立刻引起了各方面的重视。1978年下半年，四川省和轻工部破天荒的在夹江县召开了工作会议，专门研究、落实李先念要求“救救国画纸”的各项措施。

会后，四川省重新出台了比“文化大革命”前更为优惠的对纸农的奖售政策：一级书画纸每万张奖售大米300斤，二级书画纸每万张奖售大米200斤，一等对方纸奖售大米33斤。此外，国画纸的价格提高26%，同时还有利润返还、减税放贷、辅料配给等政策。

为了扩大夹江国画纸的生产，1979年4月轻工部拨专款104万元，帮助夹江建立了一个中等规模的国画纸厂。国画纸厂定位为：从事推广新技术、新制作工艺，担负对高档书画纸研制生产的工作任务。国画纸厂成立后，积极创新造纸技术，着力提高生产效率。在科技人员的努力下，采用了一些新技术、新设备，改手工打浆为机器打浆，改篁锅蒸煮为高压钢锅蒸煮，使纸浆生产从100天缩短为7天左右，提高了劳动效率。后来还改冷焙干为热焙干，由冷焙干的30天缩短为热焙干的12小时，缩短了生产时间。同时，又成功地运用慈竹作纸浆，扩大了原材料供给。传统造纸选用的原材料是白甲竹，“大跃进”时期和“文化大革命”期间，白甲竹林遭到大面积毁坏，满足不了大生产的需要。而夏天出笋，冬季成材，竹纤维较硬的未作为造纸原材料的慈竹，却浓浓密密、郁郁葱葱遍布夹江平坝山丘，农家房前屋后。成功地运用慈竹作纸浆，也就成功地解决了原材料不足的问题。

七

李先念对夹江国画纸的高度重视，极大关怀，让夹江书画纸从濒临绝境中得到拯救，获得新生，是夹江纸业发展之幸，是夹江人民之福，功垂在夹江造纸史册，铭记在夹江人民心中。但是，客观地说，在改革开放新的历史时期，夹江纸业能走出困境，得以长足发展，最终取决于农村家庭联产承包责任制的全面实施，以及在这一制度下造纸作坊回归农户政策的完全成功。

中国40年来的改革由农村起步，而农村改革的起点是包产到户，后发展为家庭联产承包责任制。中共中央在1982年、1983年、1984年连续发布了以农业、农村和农民为主题的中央一号文件，对农村改革和农业发展做出了一系列的部署，取得了实质性的成效。

1982年，中央一号文件《全国农村工作会议纪要》对迅速推开的农村改革进行了总结。文件明确指出包产到户、包干到户或大包干“都是社会主义生产责任制”，是“不同于合作化以前的小私有的个体经济，而是社会主义农业经济的组成部分”。

1983年，中央一号文件《当前农村经济政策的若干问题》从理论上说明了家庭联产承包责任制“是在党的领导下中国农民的伟大创造，是马克思主义农业合作化理论在我国实践中的新发展”。

1984年，中央一号文件《关于1984年农村工作的通知》中强调要继续稳定和完善联产承包责任制，规定土地承包期一般应在15年以上，生产周期长的和开发性的项目，承包期应当更长一些。

“交够国家的、留足集体的、剩下全是自己的”，中国农民长期受“大锅饭”“平均主义”压抑的生产积极性，在改革开放总设计师邓小平这句朴素话语的鼓舞下，得到了最大程度的爆发，农村经济体制改革取得了完全的成功，在最短的时间内奇迹般地解决了长期困扰中国农村广大农民的吃饭问题。

在夹江纸乡，县委、县政府按中央的统一部署，于1982年展开了家庭联产承包责任制的改革。1983年，在土地承包分配一年之后，开展了家庭造纸作坊的分配改革。集体造纸作坊开始解体。一批新兴的、独立的家庭造纸作坊，在改革春风吹拂中，像雨后春笋般蓬勃发展起来。

迅速成长起来的夹江家庭造纸作坊，充分利用各种途径，互相学习，完善曾被自己荒废的残缺的造纸技艺，互相交流有限的造纸资源。大家通过纸槽和烘干墙的交换和互补，建立起新型的合作关系，以前所未有的方式独立生产纸张。

此时，北起四川省成都市，南至云南省昆明市，横跨夹江青衣江的国家一级单线电气化铁路成昆线，已于1970年7月1日竣工通车。受益于成昆铁路建设，夹江地方小电网与国家大电网实现贯通。到20世纪80年代，青衣江两岸的家庭造纸作坊大部分通了电。这就为传统的夹江手工造纸业采用新的技术、新的设备，实现新技术变革，提供了先决条件。而被“家庭联产承包制”极大地调动了生产积极性的家庭造纸作坊，比集体企业更热心于充分地利用新技术、新设备、新资源，改革纸张生产的过程。很快，原来国有纸厂或集体作坊的高压蒸锅、打浆机、千斤顶等先进的生产设备，传到了各个独立的家庭造纸作坊，加速了纸业生产的技术变革，加快了生产周期，极大地解放了生产力。

在竹林毁损，竹子供应减少的情况下，纸农们也开始尝试使用混合原材料。先前的国画纸厂用慈竹代替白甲竹做纸浆，解决了造纸原料不足的问题。但慈竹纸浆的缺点是弹性纤维较短较少，为了中和慈竹纸浆的脆性、韧度，纸农们又加入了从麻类植物、棉花、构树或普通桑树树皮中获取的长纤维。后来，又发现了一种新材料——莎草，也叫作龙须草。用莎草做造纸材料，因其含有和最好的白甲竹一样的即强壮又柔软的纤维，造出纸张的质量非常好。不仅如此，莎草跟竹子一样，可以一年收割一次，有稳定的年产量，是一种又便宜又充足的造纸原料资源。

由于党和国家把工作重心转移到经济建设上来，实行改革开放的历史性决策；由于农村家庭联产承包责任制改革的成功，全面地推行；由于技术革新使那些缺乏劳动力和经验的家庭，能够以前所未有的方式独立生产纸张；由于勤劳聪慧的夹江纸农，紧跟时代步伐的创造性劳动，夹江纸业得到了迅速恢复和发展。夹江国画纸的产量由1978年的20余吨增加到1984年的近1000吨，土纸（对方纸）生产亦随之增加到1500多吨，出口约1000吨。1984年底，全县实际产纸已超过3000多吨。造纸业的生产水平，造纸业的产量，超过了“文化大革命”前一年的水平。夹江手工造纸业又一次获得蓬勃发展，呈现出顽强的生命力。

改革开放以来，不仅夹江古老的手工造纸业，蓬勃发展，活力四射，产量稳步提升，在全国名列前茅，占据举足轻重的地位。而且，夹江的竹纸制作技艺，也以最完整保持传统造纸工艺，享誉国内外。

1983年至1985年，夹江手工造纸技师代表中国，先后5次赴美国、加拿大、意大利等国家，现场表演中国传统造纸术，引起了强烈的反响。夹江手工造纸精湛的技艺，令西方人倾倒、惊叹。西方新闻媒体在显著的版面载文赞誉其为“东方艺术瑰宝”，称赞“中国是个了不起的国家”。夹江手工造纸技师的精湛表演，使更多的外国朋友了解了中国古老的文明，认识了当今的中国对古代文化的继承和发扬，为祖国赢得了极大的荣誉。

八

在夹江纸业再次扬帆远航之时，具有创新精神的夹江人，在积淀千年纸文明的故里，以非凡的创意，不懈的努力，开创性地建造了全国第一家手工造纸博物馆——四川夹江手工造纸博物馆，以其厚重的人文积淀，丰富的文化内涵，展现了千年纸乡夹江辉煌的纸业史，璀璨的古文明。

宋秀莲主编的《千年纸乡夹江》一书，刊载了《夹江手工造纸博物馆》的倡导者、建设者、见证人，原夹江县县长廖泰灵一篇“我为夹江纸业做的事情”的回忆文章，为《夹江手工造纸博物馆》的建造，留下了珍贵的历史资料。

1984年12月，依山傍水，风景如画的夹江千佛岩，虽已初冬，但大观山和依凤岗仍层林绿透，风光锦绣。一天，四川省文物管理处处长高文来到夹江，专程到千佛岩检查大观山顶、铁石关、天生桥、濯缨堤、点将台、金像寺6项工程规划工作。

从县长岗位退下来，当了县政府顾问，同时兼任县旅游领导小组组长的廖泰灵，同县委办公室主任高元辉、县文管所所长陈德寿一起，在千佛岩接待并作汇报。

对夹江纸情深谊重的廖泰灵，在向高文详细汇报完6项工程情况后，不失时机地向省上官员宣传起夹江纸业的厚重历史。

“中央电视台在最近播放的宣传中国‘四大发明’之造纸术的电视节目中，对我们夹江有一句精辟的解说词，不知高处长注意到没有？”廖泰灵问。

“没有注意到。”高文答。

“解说词是：‘至今，中国保存蔡伦造纸术最完整的是四川省夹江县’。”廖泰灵兴奋地介绍说。

“是中央电视台说的？”高文诧异地问。显然，这段解说词引起了高文的密切关注和极大兴趣。

“我们夹江的手工造纸，始于唐，继于宋，兴于明，盛于清，已有一千多年历史。造纸技艺与‘天工开物’中蔡伦造纸术完全吻合，一脉相承。”对夹江手工造纸了如指掌的廖泰灵介绍说。

他在谈到夹江纸业产量最大，纸品种类最多，抗日战争时有特殊贡献等情况后，自豪地说：“就造纸专业而言，夹江人才辈出。民国时期，夹江学造纸专业的青年学生很多，出了一大批优秀的造纸专业人才。在民国时期和中华人民共和国成立以后，夹江籍造纸工程师遍布全国各地。据我县科委造纸工程师卢仲铭先生制作的1981年通讯录统计，分布在全国各造纸厂担任总工程师的民国时期知名夹江籍造纸人才仍有33人之多。”

高文听后很高兴地说：“夹江有资格建一个纸业陈列馆。”

“高处长说得太好了！”高文一句话让早已有此想法的廖泰灵兴奋起来。说：“在我们千年纸乡夹江，的确有资格、有必要、有条件建一个纸业陈列馆。”

“就看你们县上有没有决心和力量。”高文反将一军说道。

廖泰灵激动地当场赋了两句诗：“借得愚翁三分力，邑中子弟展雄才。”表达了只要省、市支持，夹江人有决心，有能力建起纸业陈列馆的决心和信心。

“既然你们有决心，有信心，省上我帮你们争取，市上也帮你们说说话。”高文为廖泰灵的表态感动，不仅支持，还主动表示积极协助、促成。

建纸业陈列馆的创意，让廖泰灵太兴奋了。送走高文后，他当即以旅游领导小组组长名义，持高文原话记录，以书面形式向时任县委书记袁登富汇报，得到同意。后经县长办公会确定，建一个有夹江纸业特色的博物馆。

1985年3月，县里召开旅游领导小组会议，专题研究修建纸业博物馆事项。会议由廖泰灵主持，县委书记袁登富、副县长王树功到会指导。

经与会人员反复斟酌，博物馆正式定名为“四川夹江手工造纸博物馆”。建馆地址选在千佛岩大观山南坡处，以位于西城楼西北的崇圣寺旧址作为馆址。会议决定，由县文化局筹备建立工作班子，以文馆所为主，并由局长程大吉亲自负责筹备工作。县委、县政府决定，由副县长王树功重点抓好造纸博物馆的筹备、建设工作。

随后，四川夹江手工造纸博物馆建设工程正式启动。

4月中旬，千佛岩山头春光明媚，江上碧波荡漾，如诗如画的景区，游人穿梭。一天，原四川省委书记、省委常委、省纪委书记许梦侠到千佛岩视察景区建设。廖泰灵与县委办公室主任高元辉接待并作汇报。

廖泰灵领着许梦侠一行人，穿过千佛岩牌坊，走过聚贤街，来到西城楼文馆所接待室。在依山临江，窗明几净的会客室，许梦侠听取了廖泰灵的汇报。当廖泰灵汇报到上个月县委、县政府决定在千佛岩景区建手工造纸博物馆时，许梦侠高兴地说："我们省里支持你们。"随后，他兴致勃勃地来到会客室旁边的书画室，饱蘸浓墨，挥毫题写了"乾坤再造"四个大字赠给县文馆所。临走时，又对廖泰灵说："等我回省里后，你们抽个时间来省上找我一下，我介绍你们到省二轻工业厅，争取他们对你们建造纸博物馆的支持。"

在省政府及许梦侠书记的关心、支持下，夹江修建纸业博物馆的工作凡涉及需要与省里协调的事情，都一路绿灯，一帆风顺。

1986年10月，夹江手工造纸博物馆竣工。

短短一年多时间，一座古色古香的纸业博物馆，能在千佛岩景区依山而起，夹江走的是一条花钱少、效率高、有特色的路子。

夹江手工造纸博物馆没有搞大修建，大投入，主体建筑是利用文庙小学校址中已定为危房的"大成殿"古建筑。政府的做法是，由财政出钱补助文庙小学新建校舍，把校内的危房"大成殿"整体落架搬迁到千佛岩复修。这个方法一举两得，既解决了文庙小学校舍不足的问题，又充分利用了濒于坍塌的古建筑。

1987年5月23日，经过半年多时间的收集资料、布展，夹江手工造纸博物馆正式开馆。

1988年上半年，根据各方反映博物馆地势过高，规模过小，展品过少的意见，夹江县政府决定扩建博物馆，并从紧张的县财政中拨款10万元用于扩建工程。此款远远不够。1989年，县政府分管副县长王树功、宋秀莲分别带领文化局和文管所的同志到国家文化部、国家文物管理局汇报扩建博物馆的情况，得到了上级领导的支持，并下达资金25万元，解决了博物馆扩建工作中的短缺资金。

扩馆期间，为在馆内设立蔡伦纪念馆，由廖泰灵牵头，会同千佛村李仕刚、退休教师周承绪与许世钦、时任文馆所长周杰华等邑贤，向社会发起募捐活动。月余时间，集募资金约3万元，交由文馆所用于补充扩建工程经费的不足。

为了扩建场馆，夹江县政府又决定将分散在县境内的关帝庙大殿、二殿，金龙寺大殿，蔡伦庙等古建筑，作为扩建后的展馆组成部分，落架重修，整体迁建。

1988年10月，夹江充分利用了濒于坍塌的古建筑，因地制宜，因陋就简地建造手工造纸博物馆的做法，受到来夹江视察《文物保护法》实施情况的时任全国人大教科文卫委员会主任、原《人民日报》总编辑胡绩伟的高度赞赏。他在向全国人大汇报视察四川《文物保护法》实施情况的报告中，特别用了一大段文字赞扬夹江："在这方面也有做得很好的，如我们在夹江县看到的手工造纸历史博物馆，是用不多的钱买下即将倒塌的文庙大成殿，拆开后重建在千佛岩文物保护风景区内，十分朴素雅致……这种艰苦奋斗，合理安排有限经费，利用现有的古建筑办博物馆的经验，很值得提倡。”

1996年，扩建后的夹江手工造纸博物馆，以古朴典雅的新貌，丰富的馆藏，了解中华文明的一个窗口，获准正式对国外游客开放。

夹江手工造纸博物馆坐落在千佛岩风景区珮玉泉和点将台两个景点之间，前临青衣江，后靠大观山。博物馆依山取势，错落有致，青山掩映，绿水相依，占地1.2万平方米，建筑面积2058平方米。

博物馆门庭前，世界灌溉工程遗产东风堰渠水缓缓流淌。门庭四周青山掩映，竹影婆娑。门庭上方醒目悬挂着著名书法家董寿平题写的“四川夹江手工造纸博物馆”匾额。两侧配有两副高度概括和赞美夹江手工造纸的楹联：一为何应辉书：“取翠竹清流方炼得一身玉质，看长笺短楮已织成四海云帆”；二为刘云泉书：“展纸因物美价廉耄叟蒙童等辈天下艺林乐用不二，涉笔而得心应手大千石壶之俦海内名家酣写再三。”

博物馆共分四个展厅：“功垂千古”“作范后昆”“古径流风”和“蔡伦纪念馆”。馆藏文物和实物标本2300多件，并陈列有数百个品种的古今中外名纸和全国著名书画家的数十幅夹江书画纸作品。上展线的有451件。其中纸质展品有366件。现场操作表演机具1套，造纸工具模型8件，传统造纸工具43件，连环画22张，照片12组。主要采用传统陈列方式展出。夹江手工造纸博物馆集历史性、知识性、趣味性为一体，以其丰富的内涵和鲜明的民族特色跻身于独具中国特色的9个专业博物馆的行列。

夹江手工造纸博物馆是千年纸乡夹江一张亮丽的文化名片。它见证着千年纸乡夹江的璀璨历史，留存着千年纸乡夹江的悠久文化记忆。它以其深厚的人文积淀，以其不可比拟的文化形象，展现着夹江千年纸文化的丰富内涵。使具有不同背景的人们，都可从中发现和获取有关中国造纸发明、传承、发展的丰富历史知识、人文信息，成为人们特别是青少年学生学习中国历史、了解夹江纸乡、接受文化熏陶的社会大课堂。

九

随着改革开放的不断深入，解放了思想，摒弃了僵化，焕发了活力的夹江县委、县政府，在发展现代陶瓷工业的同时，把以纸业作为发展全县经济的支柱产业这一计划，提上了重要议事日程。

1989年8月，夹江县委、县政府决定成立“夹江县纸业联合社”，代行政府对全县纸业发展的行政管理职能。1990年3月，夹江纸业联合社召开成立大会。

1991年10月，鉴于纸业联合社的行政管理职能受限，工作力度不够，夹江县委、县政府决定成立“夹江县国画纸管理局”，与“夹江县纸业联合社”一套班子，两块牌子，负责管理全县的国画纸、文化用纸的生产、运销、质检和技术服务。

1992年，在机构改革时，“夹江县国画纸管理局”改为“夹江县纸业总公司”，成建制转为经济实体，保留行政职能，归口计经委管理。

1993年党的十四届三中全会做出了《关于建立社会主义市场经济体制若干问题的决定》（下为《决定》）。在《决定》的指引下，夹江县委、县政府通过不断摒弃僵化呆板的计划经济模式，注入有活力的社会主义市场经济体制，极大地调动了夹江纸农及纸业从业人员的生产积极性。在市场经济新的理念作用下，出现了一批专业化的产业生产商家，常规制浆产业已具规模，收割、处理竹子，蒸煮竹麻等都有了专门的服务、供货渠道，逐步形成了原材料制作，纸张生产，纸张运营的造纸产业链，减少了家庭造纸作坊对劳动力上的需求，生产时间的支出，以及对销售市场的忧虑。随着造纸作坊生产经验的增长，资金的积累，一些规模较大的造纸作坊，通过扩大再生产，加大技术革新和技术改造，升级为新兴的造纸企业、造纸实体，成长了一批造纸企业家，练就了一批造纸精英，涌现了一批活跃于全国各地的纸业经销商。

以企业为龙头，以市场为导向，以营销为纽带，覆盖全国各地的夹江纸业网络体系，使古老的夹江手工造纸业焕发了青春活力，使传承千年的夹江竹制纸制作技艺这一非物质文化遗产，得以弘扬、光大。

2006年，经国务院批准，夹江竹制纸制作技艺列入首批国家级非物质文化遗产名录。

2008年，文化部授予夹江县“中国民间文化艺术之乡——书画纸之乡”称号。

2009年6月，夹江县委、县政府为秉承千年纸乡古老的辉煌文明，努力发挥夹江县书画纸的产业优势，成立了“夹江书画纸同业商会”，由县政协原主席宋秀莲出任会长，聘请了中国文房四宝协会郭海棠会长为商会总顾问。商会的成立，对推动夹江书画纸产业，提升夹江书画纸品牌，打造中国书画纸之乡，发挥了积极的作用。当年11月，千年纸乡夹江成功申报为“中国书画纸之乡”。2010年10月，在北京人民大会堂由中国轻工业联合会和中国文房四宝协会联会授牌。

在县委、县政府对夹江纸业给予有力支持的同时，一些有远见的企业家对夹江纸文化也给予了高度的关注。2009年，夹江“四川黄金海岸投资管理有限公司”依托夹江丰富的自然和文化资源，特别是入选国家级非物质文化遗产——夹江竹纸制作技艺、夹江年画，投资3亿元，分两期，兴建了占地150亩的全国首家纸文化主题饭店，并根据李白在唐开元十三年（725年）出川时行至夹江青衣江畔，兴之所至挥毫题写的《峨眉山月歌》，将纸文化主题饭店命名为“峨眉山月花园饭店”。饭店从建筑设计到园林布局及内外装饰，均以夹江纸文化元素予以铺陈，处处是竹的世界，时时散发纸文化的气息，并将72道手工纸制作技艺予以实景展示。2011年11月，被国家旅游局颁授“四星级”旅游饭店。“峨眉山月花园饭店”以底蕴深厚的纸文化，墨香四溢的书画气息，为世人开启了一扇了解夹江纸业，感悟夹江纸文化的窗口，深深吸引了国内，以及美国、加拿大、韩国、泰国、新加坡等国外游客，并得到高度赞扬。

夹江纸业因改革开放而兴，乘改革开放之势而上，到2012年，县境内的书画纸企业、作坊已近千家，规模以上书画纸生产与深加工企业20余家，手工书画纸品种达240多个，年产量5000多吨，在国内外市场占有较大的份额。从事书画纸生产和销售及相关产业的人员近3万之多，销售点遍布全国各大、中城市，其产量、产值和销售额位居全国前列，主要产品获得亚太博览会金奖、“国之宝”等荣誉称号。全县书画纸产业已形成了一个成熟度较高，辐射面较广的产业集群。在纸乡夹江，只要市场需要，无论极厚或极薄的纸，高级吸水的书法纸或不吸水的工笔画纸，撒云母的或人造金片的纸，以及各色仿古纸……多才多艺的夹江造纸精英们都能根据顾客的需要加工生产。

2013年，夹江县委、县政府按照“做大、做强、做优书画纸产业，做长书画纸产业链”的思路，提出了《关于促进夹江书画纸产业发展的意见》，加大了对书画纸产业发展的工作力度，政策扶持力度，进一步促进了夹江书画纸的发展。

这一时期，夹江机制书画纸异军突起，涌现出一批用机器生产中小学生书法用纸的厂家，规格品类近200种，中小学生书法用纸产能达8万吨，可供全国55%的中小学生使用。凭借强大的实力，这一年，夹江县成功申报为“全国中小学生书画用纸产业基地”。

夹江机制书画纸以价格便宜，质量基本上能满足中小学生书写，大批中老年书画爱好者需求的优势，很快发展起来，到2016年底，夹江成规模的机制书画纸企业（含在建）约有21家，总产量约5.15万吨，总产值约4.93亿元，产量占全国书画纸总产量的50%以上。

夹江机制书画纸的快速发展，带来对传统手工造纸的冲击，造成了新的矛盾。一方面，机制书画纸因原材料成本低，制作工艺机械化，产量大，价格低，质量不断提高，产品深受广大学生及初学书画者喜爱，市场不断扩大；另一方面，传统手工造纸又因为原材料成本高，制作工艺复杂，纯手工制作，价格较高，仅适用于高端书画家使用，市场狭窄，不断萎缩。传统手工造纸又一次面临严峻的挑战，处于困难的境地。

面对新的时代，新的矛盾，新的挑战，夹江县委、县政府进一步加大政策引导的力度，提出了《做强做大夹江书画纸产业的意见》。从发展思路、奋斗目标、保护传承、提升品牌、加强财政扶持、加强要素保障等各个方面，力求以务实的工作推动夹江纸文化产业的发展壮大。在促进机制书画纸发展的同时，对手工造纸的传承、保护、发展，作了统一规划：着力建成以马村乡石堰村、金华村为核心的非遗保护区，集产业发展与旅游、生产体验为一体的发展模式，开拓文旅融合的路子。重点围绕“峨眉前山综合旅游度假区”建设，依托夹江竹纸制作技艺与夹江年画两项国家级非物质文化遗产，积极打造夹江“千佛岩—夹江手工造纸博物馆—古寺—大千纸坊”特色文化旅游精品路线。同时，采取一些新举措，加强手工造纸研究，开展非物质文化遗产传承人技艺培训，培育“竹纸制作技艺生产性保护示范基地”，形成集传统手工书画、中小学生书画用纸、纸品深加工三大板块的产业格局；发展以马村、中兴、迎江为中心，辐射黄土、漹城、界牌等乡镇的产业集群；打造知名商标、著名商标和国家级驰名商标，使具有上千年历史的夹江手工书画纸制作工艺，代代传承，永续发展。

从历史上看，夹江手工造纸生存与发展的环境，从来就不是田园牧歌，将来也不会一帆风顺。勤劳聪慧的夹江纸农和纸业从业人员，在与复杂生存环境的博弈和奋进中，积累着丰富的经验和智慧，历练着自强不息的毅力和精神。具有优良传统的夹江纸业，具有顽强毅力的夹江纸农和纸业人员，跨过一道道坎，迎来的终将是一步步地发展，一天天地壮大。

结束语

夹江手工造纸是脆弱的，经受不住时代风雨的冲击。1949年

12月夹江解放后，夹江纸业欣逢盛世，如同枯木逢春，但也几度起落。1959年至1962年，受“大跃进”影响，山区竹林资源遭到破坏，夹江纸业跌入底谷。1966年开始的十年“文化大革命”，片面贯彻“以粮为纲”，毁林开荒，夹江纸业又一度陷入困境。在时代的风风雨雨中，夹江纸业经受不起折腾，显得那样的无奈，那样的娇弱。

夹江手工造纸又是顽强的，像竹一样坚毅，虽几经风雨，仍顽强挺拔。1978年12月18日党的十一届三中全会后，改革开放的春潮，涌动在祖祖辈辈以纸为生的夹江纸农心底。风雨彩虹，千年纸乡以其厚重的底蕴，顽强的生命力和独有的创造力，让古老而文明的中国优秀造纸技术，生生不息，灿烂辉煌；让青山常在，绿水长流的蜀纸之乡，发扬光大，流光溢彩，锦绣中华，成为名扬海内外的“中国书画纸之乡”。

夹江纸业在艰难发展中的坚韧力，着实让人惊叹。

夹江纸农和纸业从业人员在困难环境中的生存力，着实令人感慨。

用发展的眼光，总览千年纸乡夹江纸业的发展历史，我们有理由相信，具有深厚底蕴、顽强生命力的夹江手工纸产业，经过再一次的磨炼、再造、涅槃，一定能一步步地发展，一天天地壮大，再次展现自身的强大生机和活力。

第七章　普通纸农奠基纸乡不朽丰碑

引　言

历史唯物主义认为，社会物质资料的生产方式是人类社会发展的决定力量。而在生产方式中，生产力又是最活跃、最革命的因素，是人类社会发展的最终决定力量，是全部历史发展的基础。

毛泽东有一句至理名言："人民，只有人民，才是创造历史的真正动力。"

夹江的历史是夹江人民的历史。始于唐，继于宋，兴于明，盛于清……绵延千年的夹江手工造纸史，是勤劳智慧的夹江纸农及纸业从业人员的创造史。千百年来，千千万万夹江纸农及纸业从业人员，以伟大的力量和智慧，为社会提供了不可胜数的生活及文化用纸，为中华造纸技艺的传承发展，为中华民族的文明进步，做出了载入史册的历史贡献。

在辉煌灿烂的夹江造纸史册中，造纸技师、纸业精英应该说是灿若星河，遗憾的是留名史册的并不多。只有1989年由四川人民出版社出版的《夹江县志》人物"传略"中，记载有近代马村石堰村造纸大户石子清的简要事迹。可喜的是，2005年夹江县文体广电旅游局编辑的《蜀纸之乡》一书，记载了除石子清之外的夹江县当代十余名造纸精英。另外，夹江书画纸同业商会的相关资料上也散见一些。

这里，以《夹江县志》与《蜀纸之乡》为据，参考夹江书画纸同业商会的相关资料，介绍几位较有代表性的人物，谨以之向千百年来为夹江纸乡不朽丰碑奠基的千千万万纸农、纸师、纸业精英、纸业从业人员，献上最深切的缅怀和崇高的敬意。

一　褚户典范垂千古

千年纸乡夹江的灿烂纸业史，满载着全县劳动人民的勤劳和智慧；璀璨纸文化，辉映着万千纸业精英的圣洁品质和崇高精神。离我们远去的石子清、杨栋荣、杨占尧三位近现代造纸精英，近百年来，在夹江造纸行业中，独具匠心，尽展风采，各领风骚，足以永载夹江史册，名垂纸乡千古。

大千纸坊的奠基人石子清

石子清，字长茂，马村乡石堰村人。生于清光绪二十年（1894年），卒于民国二十七年（1938年）。据《石氏宗祠碑》记载：石子清祖上为造纸世家，于明代万历年间（1573—1620年）“怀造纸之术来马村石堰谋生”。传至石子清时，已历九代，仍以造纸为业。

石家的纸业传到石子清父亲时，封建王朝已由盛转衰，呈江河日下之势。清道光二十年（1840年）鸦片战争爆发，腐朽没落的清朝政府抵抗不住船坚炮利的英国等列强的侵略，以失败告终。获胜的英国强迫失败的清政府，签订了中国历史上第一个不平等条约《南京条约》。从此，中国开始向外国割地、赔款、商定关税，严重危害中国主权，中国一步步沦为半殖民地半封建社会。

从乾隆后期开始，清政府在财政上就已经是国库亏空，入不敷出。而《南京条约》又迫使清政府向英国支付战争赔款2100万白银，加之列强继续向中国走私鸦片，大肆倾销商品，控制贸易，致使白银大量外流。清政府为支付战争赔款，解决日益严重的财政亏空，向百姓转嫁危机，不断增加税赋，加紧搜刮民脂民膏。

到石子清出生的清光绪二十年（1894年），又爆发了中日甲午战争。日本蓄谋已久，清朝政府仓皇迎战，以北洋水师全军覆没告终。清朝政府迫于日本军国主义的军事压力，签订了《马关条约》，中国割让台湾岛及其附属各岛屿、澎湖列岛给日本，赔偿2亿两白银，增开沙市、重庆、苏州、杭州为商埠，并允许日本在中国的通商口岸投资办厂，掠夺财富。中华民族危机空前严重，大大加深了中国社会半殖民地的程度。

雪上加霜的腐朽没落的清政府，只得进一步加紧搜刮民脂，盘剥百姓。在纸乡夹江，官府开始对纸农收取“槽纸两捐”，贪官污吏也乘机变本加厉地勒索纸农，“蒙算槽纸，病商害民”。社会黑暗，日子艰难，加之父亲对纸业经营不善，石子清家道逐渐衰落。到了民国初年，父亲去世，家庭造纸业的千钧重担，压在了不到20岁的石子清肩上。

明白事理的石子清，心里清楚，没有过硬的本领，是挑不起家业重担的。为了继承家业，石子清放弃了其他的念想，一门心思学习造纸技艺，对造纸的15个环节72道工序，刻苦钻研，毫不马虎，很快掌握了全部工序的制作技法与诀窍。

头脑清醒的石子清，清楚知道，生产不出品质优良的纸张，是振兴不了家业的。为了生产出优质的纸张，石子清从造纸原料开始就严格按照传统造纸工序的流程，精心操作，一丝不苟。他的竹麻砍得比别人的嫩，并且将砍伐的竹麻分头、中、尖三节分别制作。为了使纸质纯净，他所有用于沤制竹麻的石灰，全部要用筛子筛过。石灰下池时，均匀铺洒在每层摆放的竹麻上。煮竹麻、装篁锅、下烧碱、配竹料等重要环节，石子清都要亲自掌握火候，不允许有丝毫的马虎。蒸煮后的竹麻，要求清洗透彻，“九冲十洗”，不得减少任何一环。

心胸宽阔的石子清，心里明白，不恪守诚信发展不了纸业生意。在经营纸张生意中，石子清一反清末槽户陋习，讲求信誉，重义轻利。再忙再累，自产的纸品仍要亲自操割，做到每刀纸足一百张，没有缺角，没有破损。

由于讲求质量，注重信誉，石子清的作坊在纸业市场上建立起了良好的形象，生意渐渐有了起色，越做越兴旺，越做越火红。一次，与重庆帮江全泰成交了贡川纸4挑（每挑重约50公斤至60公斤），每挑售价竟高达13两银子，高出当时市价的三分之一。对方乐意高价购买，就是因其纸质好，数额足，讲信誉。不几年功夫，石子清的纸坊便由一架槽发展到两架槽生产。

市场打开，生产发展，有远见卓识的石子清把关注的目光投向了日渐紧缺的原材料供应上。为从根本上解决竹麻问题，他果断地拿出了起步阶段并不富足的资金，购买了竹林山地，自己培育竹林，采制竹麻。

1920年，石子清26岁。他的竹林跟他一样，充满蓬勃生机，满山遍野，郁郁葱葱，达到已能砍制竹麻八九万斤的高产旺盛期。也就在这一年，年仅26岁的石子清，迎来了人生的辉煌。他的贡川纸被县政府选中，代表夹江县独特的手工商品，送到四川省政府在成都举办的全省“劝业会”展销、参评。

四川省“劝业会”，相当于今天的四川省博览会。最早是清光绪末年，由四川总督府推行和统筹工商实业发展的专门机构“劝业道”主办。四川省的第一次商业劝业会，于1906年3月10日在成都开幕。四川总督锡良亲自出席并致辞，称：“今日为成都第一次商业劝业会开会之日，即川省工商业发达之第一日也。”强调其宗旨为“农商并重，奖劝农工，振兴实业”。自1907年第二次劝业会后，形成气候，扩大到州县，新繁、崇宁、彭县、金堂、乐山（含夹江）、彭山、双流、郫县、汉州、什邡、雅州等，都相继举办州县一级的“劝业会”。省“劝业会”举办第三次后，因清政府风雨飘摇，自身难保而停办。民国初年，四川军阀防区制时代，成都“劝业会”得以恢复发展，从1920年到1933年，共举办12次，成为“乱世奇观”。到了刘湘统一川政时期，成都“劝业会”发展至鼎盛，以规模大、时间长著称。

1920年，对26岁的石子清来说，是最不平凡的一年，是最荣耀的一年，是最为振奋的一年。这一年“花重锦官城”的阳春三月，石子清带着自己精心生产的贡川纸，来到成都总府街与华兴街之间的劝业场展销、参评。

是日，彩坊高扎，龙旗飘舞。全场的商家，都打起百倍精神，纷纷拿出各式招牌招徕顾客。劝业场口，五颜六色的宣传广告，鲜艳夺目。什邡烟叶、泸州老窖、宜宾五粮液、自贡团扇、蒙顶山茶……各种商品，各色广告，五彩缤纷，炫人眼目。入口处还有专人拿着各种传单，遍赠来宾，大肆宣传。前来看热闹的成都市民、各路商家，文人墨客，蜂拥入场。整个劝业场，上上下下，里里外外，万头攒动，盛况空前。场内商铺，人流穿梭，营业火爆。老板寒暄，伙计陪笑，招呼应酬，应接不暇。

在纸品展销区，来自四川西南区的夹江，东部区的重庆梁山（现梁平）等地的纸产品琳琅满目，吸引了大量文人墨客，购买商家，好奇观众。在石子清的展销店铺，“蜀纸之乡——夹江”的广告招牌，醒目亮眼，夺人眼球。招牌下的街檐边，安放有一张一米多长、羊毛毡贴面的书画案桌。案桌上摆放有磨好浓墨的砚台，绘画用的各色颜料，平铺着一张石子清精心抄制的薄如蝉翼，乳白色的四尺贡川纸，以供试纸专用。

“劝业会”开始不久，在如潮人流中，一位面容白皙，慈眉善目，西装革履，文质彬彬的官员，在众人簇拥下，来到石子清展铺前。他面带微笑，主动与迎上前来的石子清握手致意。紧随身旁的幕僚连忙向石子清介绍说：“这是我省杨庶堪省长，他对蜀纸非常喜欢，非常关心，是专门来看望你们的。”

杨庶堪，字沧白，四川巴县人。1905年参加同盟会，1917年被选为国会议员，1918年任四川省省长。曾任孙中山秘书，为民国初期的一俊杰。

石子清第一次到省府，第一次见大官，拘谨、紧张得手心冒汗，进退无措。

“为富我巴蜀，开我财源，年轻人，使劲干，多出纸，出好纸。”杨庶堪松开石子清汗湿的手，拍着石子清的肩头，鼓励了一番。随后，径直走到画案旁，提起案上最大的斗笔，饱蘸浓墨，在石子清精心抄制的四尺贡川纸上，挥毫横书了充满期待的“保我富源”四个大字。

“好字！”杨庶堪的随从及围观群众，齐声叫好。

“不是我的字好，而是纸好。”杨庶堪手不释笔，端详着墨香四溢的四个大字说，“我蘸墨多，堪称浓墨泼洒，但墨色不跑晕；我用笔重，可谓力透纸背，然纸面无破损。好纸！好纸啊！”

夸奖完纸后，杨庶堪放下斗笔，换了一支中等羊毫，在“保我富源”的左下角适中位置，行书竖行题写下“庚申年杨庶堪”的落款。

杨庶堪的秘书连忙从随身携带的公文包内取出杨庶堪的印章，盖在了落款的姓名下方。

“杨省长，能否送我留个纪念？”石子清趁递上湿毛巾给杨庶堪省长擦手之际，期盼地说。

“岂止送你作留念，我还要让政府制作成匾额，敲锣打鼓送到你的家里挂起。”杨庶堪笑容满面地说。

石子清无比惊喜，万分感激，连忙拱手致谢。

在这次“劝业会”上，石子清纸坊生产的贡川纸，因纸质优良，省长盛赞，一举夺得头等大奖，为蜀纸之乡夹江，争得了荣誉。

杨庶堪也不食言，“劝业会”后不久，他题赠的“保我富源”的匾额，由县政府代表省政府送到了石堰村石子清家里，挂在了前厅，光耀了门庭。

石子清出了名，石子清作坊出了名，石子清作坊的纸也出了名，他的纸很快就畅销到贵州、西安、云南等地。

“皎皎者易污”。随着石子清的纸越来越出名，声誉越来越高，市场上开始出现了假冒石子清作坊的纸张。为了防伪，为了保护自家品牌声誉，石子清想了不少办法，除了通常的在每刀纸的封面上盖外章标识外，还在纸帘中想办法，成功研制出帘纹水印防伪标识的技法，在自家的纸中暗印上石子清的名作“隐号”。这为后来张大千到纸坊制造“大风堂纸”，并印上暗记图案打下了基础。除此之外，他还特印一张品牌商标纸条，卡放在每刀纸的内部作为“标记”。

具有强烈开拓精神的石子清，不消极预防假冒，不固守取得的成就，不满足获得的荣耀，而是在纸的质量上锐意进取，不断引进新技术，提升纸张新品质。

1926年以前，夹江所产的纸全是本色（土黄色），纸农们使纸变白的办法是将抄捞成纸后的干燥纸张，分挂在封闭室内，用硫黄熏白。这种办法最大的缺陷是不仅熏出的纸张颜色不均，而且影响纸质的韧性。1926年，石子清通过重庆帮的永成字号老板，购回一种叫“漂精”的漂白剂，抄纸前将其直接加入纸料中使纸张变白。由于采用了这种方便简捷的纸张漂白技术，所造白纸较硫黄熏制的更为均匀，取得了良好的经济效益。夹江纸农纷纷效仿，漂白剂的使用技术很快在夹江传播开来，从而开创了夹江“漂白纸业”的新时代。

漂白剂新技术的使用，拓展了石子清的思路，他在漂白纸的基础上，经过多次试验与改进，使新一代“粉贡川纸”相继问世。并于1927年至1929年连续获得夹江县劝业局的奖状。县劝业局局长王泽苓题赠“挽回利权”匾额，表彰石子清纸坊生产的纸“精益求精，质量优美，信誉卓著”。

1933年，石子清又生产出“连四纸”。“连四纸”的最大特点是棉韧、细腻，将其揉作一团，再展开铺平，纸面无破损，纤维无折裂，着墨不跑晕。“连四纸”一经面世，倍受印刷行业青睐，成为高级印刷用纸，被当时的云南省政府选定为印刷《云南省志》的专用纸。抗战时期，张大千就是在“连四纸”的基础上研制出被誉为“国宝”的高级国画纸“大风堂纸”。那时，石子清纸坊年产“贡川纸”高达160挑，“连四纸”3000多刀，年产值过万元。有13架槽同时生产。

石子清为夹江手工造纸的传承发展做出了卓越贡献，创造出许多第一：第一个将漂白剂引进土纸生产中，创造出粉连史系列文化用纸；第一个将帘纹水印运用于纸张制作中，创造出防伪暗记图案；第一个将纸张送展参评，荣获省级头奖……

可惜的是，这位夹江纸业精英，堪称夹江槽户典范的石子清，于1938年，也就是张大千到他的纸坊研制“大风堂纸”的头一年，因患脑溢血英年早逝。终年44岁。

砥砺奋进的纸状元杨栋荣

杨栋荣，夹江县中兴镇杨湾村4组人。生于1933年7月，卒于2004年4月。其父杨新全早年亡故，杨栋荣从小就跟祖父杨华云生活。那时，杨华云是中兴乡杨湾村远近闻名的槽户舀纸能手，从清代末年即以从事手工造纸为生。杨栋荣14岁开始，从祖父那里学习造纸技艺。祖父倾心传授，杨栋荣悉心学习，渐渐地领悟了手工造纸技法真谛。

夹江被誉为“手工造纸之乡”，特别是马村乡、中兴镇一带，坐落着几十家具有一定规模的纸厂，还有星罗棋布、数以千计的槽户，杨栋荣家便是其中的一家。

青年时期，杨栋荣曾在中兴人民公社的红旗造纸厂工作。改革开放，集体纸坊下放承包到各槽户以后，杨栋荣和其他造纸户一样，有了自己的纸坊，开始自己动手抄纸。杨栋荣先从抄制简单的对方纸起步，逐步转为抄造连史纸，继后又生产竹浆四尺净皮、棉纸。每生产一种纸，杨栋荣都要进行细心研究，反复琢磨，努力提高纸的质量，争取良好的销售市场，力求较大的经济效益。

随着改革的深化，经济的发展，市场需求量的增大，各种规格、品种、质量、数量、产量不一的书画纸张纷纷问世，源源不断地进入市场，角逐千家万户。杨栋荣清醒地看到，在众多的夹江手工造纸作坊和厂家中，尽管有许多书画纸的品种不失为上好品牌，但一段时间内，市场上还没有一种深受书画界喜爱的夹江纸“拳头”产品。因此，他决心研制一种“高档”书画纸，造出精品，创出品牌，抢占书画纸领域的高端市场，并以此作为夹江书画纸的“盖面菜”“品牌货”。

受著名国画大师张大千到夹江马村乡石堰村，指导槽户，共同研制出享誉海内外的“大风堂纸”的启发，杨栋荣决定走出去，拜访请教书画界的名家大师、专家教授，从他们那里获取制造好纸的要求、要素、要义，明了造好纸，造优质纸的方向，确定自己奋斗的目标。

一次偶然机遇，杨栋荣有幸见到大画家、原西南师范大学美术系教授苏葆桢先生。杨栋荣向苏葆桢先生掬诚求教，苏葆桢先生亦对杨栋荣真诚相告，说："书画纸一定要细腻，要有拉力，驻墨留色，浸润效果好，才能受到书画界的接受和欢迎。"苏葆桢先生很热心于杨栋荣书画纸的研制，但因年老多病无法亲临杨栋荣纸坊现场，便委托原西南师范大学教授、书画家曾道康，到杨栋荣家纸坊共同研制书画纸。曾道康教授像当年张大千一样住在杨栋荣家，与纸师们一道现场商谈、共同探讨，研制高档书画纸。

秉承苏葆桢先生的教诲，在曾道康教授的悉心指导下，杨栋荣决心在传统的手工造纸工艺基础上，造出苏老先生所要求的"有拉力，驻墨留色，浸润效果好"的书画纸。在长期的实践过程中，杨栋荣领悟出传统的手工竹制纸，除要有严格的15个环节，72道工序外，还有两个重要的先决条件：一是造纸的原料问题。造好纸，一定要有好的原料，一定要用白甲竹、水竹等一年生嫩竹做原料，打好竹麻；二是用量极大的水质问题。造好纸，一定要用好水。竹麻再好，工序再严，如果水的杂质重，造出的纸也会粗糙不细腻。杨栋荣的家位于杨湾村叠山北麓的湾内，地高水缺，水质不好。为了提高纸的质量，杨栋荣毅然改掉图方便、省钱而引小溪水造纸的传统习惯，花大钱，请专人，打了两口深井取水，解决了长期困扰的造纸缺水和水质太差问题。

在解决水质后，杨栋荣又先后采用竹麻、树皮、一级棉、脱脂棉、蓑草等做原料，经过一次又一次的反复实验，积累经验，使纸的质量一次比一次提高，最终达到了曾道康教授满意的效果。

1989年新春，曾道康教授将试制成功的书画纸带回重庆，请有“苏葡萄”美称的苏葆桢先生试笔。苏葆桢展开曾道康带回重庆的夹江书画纸，一番精心泼墨点染，活脱出一幅自己的绝活“葡萄”。苏老先生较为满意地在画的上方题词道：“杨栋荣同志试制新产品质量颇佳，惟绵润效果稍逊安徽宣纸，尚须改进。”短短数语，表现出苏老先生治学严谨的高尚人格。

苏老先生在充分肯定杨栋荣研制成果的同时，又中肯地指出了不足，激励了杨栋荣继续研制、改进、提高书画纸质量的信心和决心。经过不懈地努力，杨栋荣取得了成功，试制出了苏葆桢先生满意的新一代高档书画纸。

接受苏葆桢先生的倡导以及书画界大师们的提议，杨栋荣将试制成功的产品命名为“麻须纸”。1989年10月，苏葆桢先生用杨栋荣试制成功的“麻须纸”，画了一幅傲风挺拔的“翠竹”，题跋道：“杨栋荣试作麻须纸，用墨不灰，洁白度与拉力均较过去大有提高，望再接再厉，为四川书画纸争得荣誉。”

创新了受书画家苏葆桢先生认可的“麻须纸”品牌后，杨栋荣造名纸，创品牌的信心大增，进一步加大投入，将自己的手工造纸作坊扩产升级，注册为“栋荣造纸厂”，并聘请了本县政协主席郑国清、县二轻学会秘书长和科技股长刘应泉为“栋荣造纸厂”生产顾问。同时，还分别聘请了10多位书坛画界名家，担任技术顾问。至此，杨栋荣以更大的决心，更大的规模，更大的投入，更大的力度，开展了高档书画纸的开发、研制、生产。

1990年6月，苏葆桢先生逝世。杨栋荣在难过、悲伤之际，念念不忘苏老“再接再厉，为四川书画纸争得荣誉”的遗愿，带着试制成功的“麻须纸”和书画界大师们的评价，专程去成都拜望原四川省委书记、省诗书画院院长杨超，表达了自己不忘苏葆桢先生遗愿，多造纸，造好纸，努力为四川书画纸争取更大荣誉的意志和决心。

杨栋荣专程到访的行动，为四川书画纸争光的精神，使杨超深受感动，当即在省诗书画院召开会议，请书画家周浩然、赵蕴玉、岑学恭等对“麻须纸”现场试笔，让杨栋荣直接听取四川有名望的书画大师们对试用“麻须纸”的意见，以便回去后再作进一步的改进提高。试纸后，杨栋荣的“麻须纸”受到一致好评。为了让“麻须纸”有更好的品质，上更高的档次，杨超委派岑学恭对杨栋荣的“麻须纸”在实用效果的技术层面加以具体指导。

在杨超院长的深切关怀，各位名家大师的热心帮助，以及岑学恭老师的直接指导下，杨栋荣带领厂内的技术人员，下决心研究、攻克书画纸的防虫蛀、防霉变、防老化（变色）、防火“四防”新技术，让“麻须纸”有更好的品质，上更高的档次。

杨栋荣先后投资2万余元，花了三年时间，经过恭闻异议、博采众长，一次又一次地反复试验，终于研制出一种新颖的书画纸。这种纸除防火阻燃一项大家认为稍欠理想外，防虫蛀、防霉变、防老化三项均获得成功。

杨栋荣带着研制成功的三防麻须纸到成都，恳请杨超院长试笔并为新纸命名。杨超院长试笔后非常满意，以博大精深的文房四宝为名由，将杨栋荣新研制的三防麻须书画纸命名为“四宝牌”，并亲笔题写“四宝牌”三个大字，赠送杨栋荣。

“四宝牌”三防麻须书画纸，是夹江手工造纸中的一朵花蕾初绽的奇葩。杨栋荣在制作过程中，在传统造纸工艺基础上做了大量改进，使制出的纸张“油嫩、肌细、洁白、绵韧”，洇润吸水性能好，保留墨色效果佳，其防蛀、防霉、防老化的三防技术更是居于全国同行领先地位。之后信誉大增，销路甚广，连续多年年产量均达到6吨以上。

1994年6月，人民日报记者卜小玲专程采访了杨栋荣，撰写《纸碓春声伴夕阳——夹江纸农杨栋荣》一文，先后于7月1日《华声报》和同年8月2日《人民日报》海外版刊载。

9月18日、25日中央人民广播电台《九州彩虹》节目对台湾专题播出了栋荣造纸厂生产的“四宝牌”三防麻须书画纸，使该厂及其产品名扬神州。

10月，省诗书画院杨超院长派人陪同杨栋荣到北京开拓市场。在杨超院长的大力帮助下，在北京举办了栋荣造纸厂生产的“四宝牌”三防麻须纸试笔会。

笔会上，全国老年书画研究会秘书长、著名书法家李永高先生书一大“龙”字，题跋：“宜书宜画，中兴栋荣纸厂惠存，甲戌（1994年）秋月李永高试笔于北京。”

著名书法家、华声报社总编冯大彪书“白云笺上走龙蛇、簿纸深处雾气生”，眉批：“赞四宝牌科学麻须纸试笔，杨栋荣先生存正，甲戌（1994年）秋冯大彪于北京。”

全国老年书画研究会常务副会长、著名的书法家史进前，大书“腾飞”二大字，落款道：“史进前国庆四十五周年北京。”另外还书信寄语：“试用四宝牌纸，我感到写字用还是很不错，用笔顺，吸墨好，效果可以，比以前出的夹江纸好，这是一个突破，如果色泽更白洁一些，那就堪与宣纸媲美了。”

中国美术家协会会员、国家二级美术师、北京“荣宝斋”副总经理米敬阳，试“四宝牌”三防麻须书画纸后，亲笔挥毫绘雄鸡报晓图，并乐意为“四宝牌”三防麻须书画纸设立专柜销售。

笔会后，中央电视台《天涯共此时》栏目专题播放了笔会盛况，对杨栋荣的“四宝牌”三防麻须书画纸再次进行了宣传。

1995年10月，文化部常务副部长高占祥和中国美术家协会副主席王琦，在成都召见杨栋荣，合影留念，并寄予厚望。

12月，台湾国民党元老陈立夫先生，在他私人别墅与人谈及“四宝牌”三防麻须书画纸时，十分高兴地说：“可喜！可贺！祖国文化遗产保留不错，且有新发展。夹江地处峨眉山下，我有机会去峨眉山故地重游，一定要去看一看。”

杨栋荣，夹江纸乡的一个普通个体槽户，改革开放之初，单枪匹马进入市场，通过自己的不懈努力，顽强拼搏，取得成功，被书画界赞誉为“纸农状元”。

杨栋荣，夹江纸乡的一个志存高远的纸农，以博采众长的气魄，立足夹江，放眼全国，研究好纸，创新品牌，为夹江手工造纸做出了重大贡献，成了夹江手工造纸行业的领头羊。

杨栋荣，夹江纸乡的一个胸襟广阔的造纸精英，他没有把市场对栋荣造纸厂及其品牌的认可，没有把书画界的各种称赞及荣誉，据为己有。而是把所有的荣耀，乐意与全县人民共享，并以此作为继续前进的动力。他说：“各界的大力支持，专家、教授、领导、朋友们的帮助，我都一一记在心里，绝不负众望，愿为振兴纸乡，弘扬祖国文化遗产，再立新功。”

正当杨栋荣锲而不舍，为“四宝牌”三防麻须书画纸的质量提升不懈努力时；正当杨栋荣竭尽心力，让“四宝牌”三防麻须书画纸更完美地达到和符合书画界专家们要求时；正当杨栋荣致力于为夹江书画纸再创辉煌，再攀高峰，再做贡献时，奋力拼搏的杨栋荣病倒了，不幸于2004年4月17日与世长辞。

从此，“纸农状元”杨栋荣“为振兴纸乡，弘扬祖国文化遗产，再立新功”的雄心壮志，大写在栋荣造纸厂的史册中，铭刻在千年纸乡的丰碑上。

技艺卓绝的传承人杨占尧

2007年6月3日，中国文学艺术界联合会、中国民间文艺家协会在人民大会堂举行隆重仪式，命名首批“中国民间文化杰出传承人”。他们所传承的文化遗产主要包括民间文学、民间表演艺术、手工技艺和民俗技能四大类。这些传承人均是技艺卓绝、传承有序，并且是某一地区特有民间文化传承人的优秀代表。命名仪式上，我省7名民间艺人进入传承人之列。其中，夹江手工造纸艺人杨占尧榜上有名，是乐山市唯一的一位被命名的“中国民间文化杰出传承人”。

杨占尧被命名为首批“中国民间文化杰出传承人”，这是身怀手工造纸卓绝技艺的杨占尧的荣誉，也是承载着千年厚重造纸文化的“中国造纸之乡”夹江的荣耀。

杨占尧（1945–2018年），夹江县马村乡金华村人。

马村乡金华村，一个世世代代以竹为生的千年古村。进入古村，跌宕起伏的金华山，满山遍野的翠竹无边无际，奔流不息的溪水潺潺流淌。淡淡薄雾，蒙蒙烟雨，把金华村熏染成一幅竹海扬波的巨大泼墨山水画图。悦耳鸟鸣，叮咚泉水，给金华村沉寂的山林带来无限生机，增添了几分韵味。金华村满山遍野的翠竹，清澈见底的溪水，聚集了书画纸生产所需的自然资源，可谓得天独厚的造纸宝地。

杨占尧的造纸作坊和房舍，掩映在竹林深处。

宽大的杨家庭院，大门两侧挂着：“状元书画纸厂”“竹纸制作技艺展示基地”“古法造纸培训基地”等牌匾。这些响亮的纸文化牌匾与古朴典雅的老屋，融为一体，厚重着这里传承千年的悠久造纸历史，造纸文化。

进入庭院大门，是宽阔的造纸作坊。左手边为制浆、六尺以下抄纸工地，右手边为八尺到一丈二尺的大幅面书画纸抄纸工地。

穿越纸坊，沿石阶而上，一幢古朴典雅，用木板搭建的川西南传统建筑，格外引人注目。这栋房子的很多木柱子都是楠木的，十分珍贵。曾经有人想用县城的5套房子换，杨占尧都不肯，他割舍不下与这栋有着古朴文化底蕴的祖居老宅子的深厚情怀。

杨占尧的家，是在三百多年前那场著名的“湖广填四川”移民浪潮中，从湖北麻城孝感迁徙夹江的。当年，入川先祖为了生计，不得不到当地造纸户的作坊里做伙计，学手艺，逐渐建家立业，成为名噪一方的造纸大户。杨家先祖将赖以为生的手工造纸技艺，作为立家之本，作为传家之宝，代代相传，不离不弃，至杨占尧已有12代。

由于受家庭影响，杨占尧1961年初中毕业后便回乡随父在集体纸坊学艺。在改革开放的1980年，杨占尧依托自家庭院办起了手工抄纸作坊，开始独自行艺。1982年，他创办了“状元书画纸厂”，开始生产三尺、四尺书画纸。随着技术的提高，又创造出六尺、八尺大幅面竹料书画纸。20世纪80年代初期，大幅面书画纸在市场上很畅销，状元书画纸厂尤以质量佳、拉力强、洁白柔软、浸润保墨，独具特色，深受书画界人士好评，在书画文化领域占有一席之地。

杨占尧因为制作大幅面书画纸尝到了甜头，1986年，又与当时的夹江县二轻工业局合作，承担了“丈二匹”竹料书画纸制作的科研项目。

大幅面的“丈二匹”书画纸，之前只有安徽才有，但不是竹料纸而是皮料纸。用竹料制作一丈二尺的大幅面书画纸，在我们国家还从来没人试过，没有经验，杨占尧只能摸索着干。

制作“丈二匹”书画纸，必须要有较大的强度和抗拉能力，才能抗得住泼墨重彩，然而抗拉能力弱正是竹制书画纸的一大弱点。怎么解决这个问题呢？杨占尧与造纸师傅们反复研究了生产环节的每一道工序，考虑到了生产环节和制作过程中可能遇见的一切问题。为增强竹制纸张的强度，他们反复试验着在纸料中加入适量的麻类长纤维；为增强纸张的拉力，他们适当加大了纸张的厚度；为了纸张的晾晒，他们制作了专用纸壁；为了纸张的抄制，特别定做了一丈二尺的纸帘和纸架。

抄舀“丈二匹”书画纸更非常不容易，必须四个人同心协力、默契配合。如果有一个人动作不协调，就会使抄纸失败。杨占尧带领高水平的纸师工匠，想尽各种办法，经过反复研究，不断实验，于1986年7月，在自家的纸坊里，成功地抄制出了夹江县第一张一丈二尺的宽幅竹料书画纸。

杨占尧的“丈二匹”竹料书画纸获得成功，填补了我国手工大幅面竹料书画纸的空白。书画艺术家们试笔之后纷纷赞扬，认为夹江杨占尧的“丈二匹”竹料书画纸，纤维细腻、拉力强劲、吸水均匀、洁白绵密、能书能画、能拓能裱，既保持了竹制书画纸原有品质，又能抗泼墨重彩，与安徽皮料“丈二匹”纸相比，各有特色。

1988年，杨占尧首创的“丈二匹”竹料书画纸被乐山市人民政府授予特别创新奖，被四川省人民政府授予科技创新二等奖。杨占尧个人因此荣获夹江县人民政府授予的“纸状元”称号。其制作的“状元”牌系列书画纸于2009年被四川夹江手工造纸博物馆选为“纸乡名纸”入藏。

虽然制作竹料“丈二匹”书画纸的这种技术是杨占尧所独创，但他毫不保留地把它传授给了同行乡亲，很快在全县得以推广，使夹江纸乡很多的造纸户都掌握了制作竹料大幅面书画纸的技术，取得良好的经济效益。

在谈到“丈二匹”竹料书画纸制作技术现在已经为大多数纸农掌握时，杨占尧欣慰地说：“自己能为夹江大幅面竹料书画纸的制作，闯出一条路，开一个好头，并推广开来，也算是做了件好事嘛！”

中国造纸精英灿若星河，杨占尧能够被评选为首批“中国民间文化杰出传承人”，成为四川唯一的手工造纸技艺传承的杰出代表，不仅是因为杨占尧成功完成“丈二匹”竹料书画纸制作科研项目，填补了我国手工大幅面竹料书画纸的空白，是一位身怀绝技的人；也不仅是因为杨占尧把自身的绝技、绝活，毫不保留地传扬推广，使其代代相传，是一位中华古法造纸技艺的杰出传承人；还因为杨占尧为我国手工造纸工艺的传承、发扬、宣传，做出了自己的独特贡献，是一位我国璀璨纸文化的热心宣传员。

其实，关于夹江手工造纸工艺，夹江迎江乡古佛寺那座立于清代道光十九年（1839年）的“蔡翁碑”早有精炼概述。上面镌刻的“砍其麻、去其青、渍以灰、煮以火、洗以水、舂以臼、抄以帘、刷以壁”24字，不仅概括了夹江手工造纸的沤、蒸、捣、抄多个环节、72道工序的全过程，也与明代《天工开物》所述别无二致。

在纸乡的造纸历史上，每年五、六月及十、十一月的时候，马村山岭茂密的竹林深处，伐竹的山歌此起彼伏，人们将数以百万斤的当年生嫩竹砍下，运送到山下的大池窖中水沤杀青，然后通过槌打、浆灰、蒸煮、煮料、浸泡、发酵、捣料、加漂、下槽、抄纸、榨纸、刷纸、整理切割等繁复工序，历时3个多月才能将一张洁白的手工纸造出来。

繁复的工序，漫长的过程，却也有许多生动的劳动场景，直通远古，集萃文明，让人回味。气氛最热烈的就要数“蒸篁锅”了，众多手持一丈五尺长舂杆的汉子，站在篁锅顶部，一边喊着竹麻号子，一边将锅内的竹麻用力舂碎。粗犷的竹麻号子，在初春的寂静山林中，飘荡而去，又回响过来，以苍莽的声乐，使千年纸乡夹江竹韵悠悠，古风浩浩，纸迹千秋。

如今，马村人曾经引以为傲的那口能装容数万斤竹子的巨大篁锅已经为钢筋高压锅取代。复杂的蒸煮竹麻传统造纸工序也被简化掉了许多。手持一丈五尺长舂杆的汉子，站在篁锅顶部，一边喊着竹麻号子，一边将锅内的竹麻用力舂碎的那种热闹而生动的劳动场景，也是多年不再上演了。

杨占尧曾对采访他的记者解释篁锅被简化掉的主要原因是因为近年来随着机械的引入，技术的改进，高压钢锅代替了传统的“蒸篁锅”，打浆机代替了脚踩碓，千斤顶代替了木纸榨，工作效率大大提高，生产周期大大缩短，现在规模较大的纸坊甚至仅需20天左右就可以制出一批一流的国画纸了。不过，他特别强调说：“像抄纸、启纸和晾纸等讲求手工技艺的工序，都还依然保持着传统的人工操作。抄纸这道工序是手工造纸技艺里面最为传统，但却是最具技术性的。从纸浆槽里抄舀纸张时，全凭经验来控制每张纸的厚薄度，纸浆抄得不均匀，一张纸就会一边厚一边薄。这是现代工艺所无法代替的。”

“片纸来之难，过手七十二。”亲身感受夹江竹纸手工制作艰辛的杨占尧，把恢复夹江竹纸昔日的制作技艺，劳动场景，当作了自己的夙愿。

2005年，为了能让有着千年历史的、濒危消失的传统造纸技法得以保护、传承，杨占尧开始着手收集制作整套传统的竹纸制作器械，展开恢复15个环节、72道手工造纸技艺工作。他在其作坊门外小溪边的宽阔地带，原汁原味地建造了两口用于两次蒸煮竹麻的高大篁锅，安置了舂臼、石纸槽、抄纸工具等古法造纸器具。简易的木质工具，古朴的石槽、盛穰的石臼、高耸的篁锅……着力展示了夹江手工造纸工艺的沤、蒸、捣、抄阶段工序：砍其麻、去其青、渍以灰、煮以火、洗以水、舂以臼、抄以帘、刷以壁的全过程。

2006年5月，经国务院批准，夹江竹纸制作技艺被列入第一批国家级非物质文化遗产名录。得知这个消息后，欣喜、欣慰的杨占尧，立即筹集了30多万元资金，将自己有着深厚造纸底蕴的老宅重新装修，增设了手工造纸展示厅和教学室，决心将手工造纸古老的传统工艺完整展示出来，让人们直观地感悟、了解、认知。

2006年11月，经过不懈努力，杨占尧将夹江古老的传统手工竹纸制作技艺的15个环节、72道工序，以实物、实景，全景观、全过程再现纸乡。

很多学校都组织学生前往参观，体验，感悟，认知。人多的时候，杨占尧还要亲自讲解，示范操作。当他撸起袖子，把一张宽阔的竹帘放进米白色的水里，双手一抄，前后一晃，一层白色的纤维就上了帘。而就是这么瞬间的一抄一晃，那竹帘上神奇铺就的闪耀温润光泽的纸张，使前来参观、体验的人们，一下子穿越了一千多年时光，来到了古朴纸文化的源头，亲临于古人手工造纸的劳动现场。

当杨占尧在向人们讲解、展示古老手工造纸传统工序的时候，他总要激动地说："能够通过自己的操作，把夹江手工造纸技艺展示出来，传承开来，发扬光大，作为一个纸乡的造纸人，我感到很欣慰，也为自己能够为这一传统制作工艺做一点贡献感到自豪。”

2007年3月，在中宣部、中国文联的支持和资助下，中国民间文艺家协会在全国范围启动实施中国民间文化杰出传承人调查、认定和命名项目。在各省上报材料基础上，经由全国著名专家组成的评审委员会本着严谨、科学、公正、公平的原则，经过初评、复评、终评及复核，并在相关媒体公示，最终评定了首批中国民间文化杰出传承人166人。

2007年6月3日，中国文学艺术界联合会、中国民间文艺家协会在人民大会堂举行隆重仪式，正式命名166人为首批“中国民间文化杰出传承人”。

“中国民间文化杰出传承人”，是才华在身，技艺高超，智慧超群的精英，在他们身上闪烁着中华五千年灿烂文明的光芒、光辉、光彩。

杨占尧，166位“中国民间文化杰出传承人”中的一位佼佼者。

杨占尧，中华民族光辉灿烂的文明史册上，一个亮丽的名字。

杨占尧，千年纸乡夹江造纸精英荟萃的星空中，一颗璀璨耀眼的“明星”。

如今，杨占尧虽然去世，但他创办的置身青山绿水环抱之中的状元纸厂，他生前倾情的传承中国手工造纸技艺这一非物质文化遗产的事业，在他的儿子、儿媳们的承继下，正在发扬光大。

他们在把状元纸厂作为传承父亲手工造纸技艺，继续生产高档手工书画纸基地的同时，倾力探索文旅结合的乡村旅游新路子，力求赋予夹江国家级非物质文化遗产手工造纸及年画的展示、体验以更丰富的内涵。

长江后浪推前浪。杨占尧的儿子、儿媳们继承着父亲的事业，秉承着父亲的遗愿，全方位、多角度、多层次的使中华文明的瑰宝——夹江手工竹纸制作技艺，得以发扬光大；使千年纸乡夹江的灵魂——国家级非物质文化遗产，得以完整地保护、传承、发展。现今的状元纸厂，吸引着越来越多的海内外游客、中小学生，到厂亲身体验古法造纸的神奇，亲自体验手工造纸的乐趣。如果有幸，还能看到七八个手持一丈五尺长舂杆的汉子，站在篁锅顶部，一边喊着竹麻号子，一边将锅内的竹麻用力舂碎的那种热闹而生动的劳动场景。

二　改革新秀耀纸乡

改革开放是中华民族发展史上一次伟大革命，这个伟大革命推动了中国特色社会主义事业的伟大飞跃。改革开放春风化雨，改革开放春华秋实。在改革开放的伟大变革中，具有开创精神的夹江年轻一代纸乡人，解放思想，锐意进取，干出了造纸业的一片新天地。

1994年，夹江“云鹤”牌书画纸在第五届亚太地区国际博览会上获亚太金奖；2003年，“雅艺”牌书画纸，2010年，“华艺”牌、“双宝”牌、“云龙”牌、“志康”牌书画纸分别在第14届与第25届全国文房四宝艺术博览会上，获评中国文房四宝行业产品金奖、中国文房四宝十大名纸，并被授予“国之宝”荣誉证书；2009年7月，夹江县彭长贵荣获“首届中国文房四宝‘字画装裱’艺术大师”称号；2012年，龙啸书画纸厂产品被教育部中国书画等级考试及全国青少年儿童文化艺术展评活动授权为唯一指定用纸；2015年4月，雅艺书画纸业有限公司总经理徐望春、志康书画纸厂厂长张志康在中国轻工业联合会、中国文房四宝协会组织的第二届中国文房四宝艺术大师评选中荣获“书画纸艺术大师”称号；2015年，在第35届全国文房四宝艺术博览会上，“雅艺”牌书画纸，“志康”牌书画纸，荣获“国之宝——中国十大名纸”荣誉称号。墨韵书画纸有限公司生产的“华艺”牌书画纸，马村石子清纸坊生产的“子清”牌书画纸，鑫星书画纸厂生产的“乐艺”牌书画纸，荣获金奖荣誉称号；2018年，在第41届中国文房四宝艺术博览会上，夹江“华艺”牌书画纸、“五兀书院”牌书画纸、“志康”牌书画纸、“子清”牌书画纸、“乐艺”牌书画纸，荣获“国之宝——中国十大名纸”荣誉称号。

艰难困苦，玉汝于成。改革开放的春风，催生出一大批纸业新秀、造纸精英。他们朝气蓬勃，锐意进取，将夹江手工造纸这

—祖祖辈辈传下来的技术发扬光大，做大做强。他们改革创新，开拓前进，在千年纸乡的浩瀚星空，闪亮发光，璀璨夺目。

马正华与正华纸业

马正华，一位远离我们而去的夹江纸业精英；一颗千年纸乡浩瀚星空中，永恒的、耀眼夺目的省级非物质文化遗产传承明星。

马正华创办的正华纸业，位于中国书画纸之乡夹江县马村乡金华村。这里四面环山，绿树翠竹相间，小溪流水潺潺，环境十分幽雅，聚集了书画纸生产所需的自然恩泽。

正华纸业起步于1985年原夹江县正华宣纸厂。1992年“正华纸业”的创始人马正华，为了带领更多的乡亲致富，吸纳了十多个作坊组成共同体，开发出用染料直抄的10余个新型色纸品种，一度辉煌。后来由于有的人不求质量，偷工减料，使产品声誉受到影响，销售越来越差，企业陷入困境。马正华痛定思痛，决心从头做起，开创新品牌，赢取新声誉，走出新路子。他一举投资20余万元，成立了正华纸业，花重金聘请精工巧匠，逐步扭转了局面。

在长期的生产实践中，马正华认识到水质的好坏，直接影响着造纸的质量。为了寻找好的水源，他放弃了两口机井，花2万余元在深约70米的地下打出了一口好井。良好的水质加上精良的制作工艺，使正华纸业所产的书画纸品质有了一次大的飞跃，在激烈的市场竞争中赢得了市场。接着，马正华在继承我国古代传统造纸技艺的基础上，不断地探索前进，不断地改革创新，又将传统帘纹水印工艺用于抄纸工艺之中，创造出“云龙纹”特殊图纹纸，生产出“云龙牌”特制净皮三尺、四尺、五尺、六尺、七尺、八尺、一丈二尺系列高档拳头产品。“云龙牌”特制净皮纸，具有光洁细腻、结构紧密、拉力特强、润墨极佳、浸润自如、层次分明等特点。产品宜书宜画，效果甚佳，独具特色，适合各种书法、书画创作，深受书画界人士好评。远销日本、韩国和新加坡等地。

2003年，正华纸业的产品代表夹江传统手工书画纸，参加中国西部博览会展示，随后多次参加北京、成都民间文化、国际“非遗”展示。同年，正华纸业被夹江县手工造纸博物馆定为指导生产基地，产品被夹江手工造纸博物馆列为珍品藏纸，永久收藏。

2007年，马正华被评为“非遗”省级传承人。

2008年，正华纸业被夹江县人民政府定为“竹纸制作技艺”培训基地。

2010年北京第25届全国文房四宝艺术博览会上，正华纸业生产的“云龙牌”书画纸系列，荣获金奖。被授予“国之宝——中国十大名纸”称号。

徐望春与雅艺牌“国之宝系列宣纸”

雅艺牌“国之宝系列宣纸”，是一个始建于1938年，以传统手工工艺生产书画纸的专业厂家“雅艺书画纸业有限公司”生产的亮丽品牌。厂址在“蜀纸之乡”夹江县中兴镇。这里，重峦叠嶂、松苍竹翠、涧水清澈、温润适度，聚集了高档书画纸生产所需的得天独厚自然条件。

雅艺牌“国之宝系列宣纸”创始人徐望春，生于1964年8月。家中祖祖辈辈以纸为生，徐望春为徐氏作坊第5代传人。

数十年来，徐望春沿着祖辈的足迹，本着以诚信为本、质量求存、顾客至上的经营理念，不断地开拓进取，为打造宣纸品牌不遗余力地拼搏。他在原料的拣选与考究上，纸品配方的继承与革新上，工艺的创造与保留上，博采众家技艺之精华，不断锤炼，精心打造出优质的“国之宝系列宣纸”。所产宣纸具有“大风堂”书画纸的“质地绵韧、丝路清晰、洁白细嫩”的韵味。其书画效果能充分体现出国画和书法技法中的“五笔七墨”和“五色六彩”。能使书画家的笔墨与书画纸相得益彰，使其作品的情志意趣淋漓表达，灵感意境狂野散射。

1992年，徐望春精心制作的高档书画纸，通过中华人民共和国商标管理局核准为“雅艺牌”注册商标。

2003年在第10届全国文房四宝博览会上，“雅艺”牌书画纸被评为“国之宝——中国文房四宝十大名纸”。

2015年4月，雅艺书画纸业有限公司总经理徐望春，在中国轻工业联合会、中国文房四宝协会组织的第二届中国文房四宝艺术大师评选中，荣获“书画纸艺术大师”称号。

雅艺牌“国之宝系列宣纸”不仅在国内深受客户喜爱，而且还销往日本、韩国、新加坡等地。

许安富与墨韵书画纸有限公司

“从古至今，人类社会都是在一个不断发展的进程中前进，纸业也一样，也是在一个不断发展的进程中演变。和人类创造出来的所有物品一样，最美好的东西，包括书画纸，将会出现在我们这个时代。”这就是千年纸乡夹江新一代造纸精英许安富，铿锵有力的时代心声。

许安富生于1963年，家里祖祖辈辈以造纸为生。许安富高中毕业后，就以第4代传人的身份接掌了家庭作坊。那时，夹江书画纸正陷入举步维艰的低谷。受大环境的影响，许安富家里的产品也卖不出去，原材料无钱购回，作坊产量一天天下滑，难以为继。年轻的许安富既心急如焚，又不甘心，“决不能让世世代代赖以为生的造纸技艺，断送在我的手里。”许安富下定了决心。

许安富一边设法维持作坊的生产，一边读书学习，把能收集到的和能看到的历朝历代有关纸张的资料，进行深入研究，分析比较，开阔了视野，提升了思想境界。凭借多年的造纸经验，许安富心灵深处产生了一种自信力：“借助现代人的知识和手段，只要与时俱进，勤于实践，勇于探索，自己一定会在前辈的基础上，制作出适应市场需求的、比历史上任何一代都好的书画纸张。”

1989年，风华正茂的许安富，创办了夹江县华艺宣纸厂。他下定决心，依靠科学，依靠市场，依靠革新，走出一条夹江手工纸的探索之路，发展之路，强大之路。

夹江手工纸传统蒸煮技术费时费力费工，许安富就从原料制作环节改革入手，创造出生料碱制，高压蒸煮的原料制作方法，大大缩短了制作时间，提高了原料制作的质量；传统舂臼打浆不伤纤维但效率太低，许安富大胆地将国外引进的打浆机重新改造，经过反复摸索，取得成功，提高了工作效率，打出的纸浆不伤纤维，不影响纤维之间的联结，纸张浸润均匀，并具有较高的抗拉能力；传统纸张晾晒方法不适应大规模生产，许安富在传统火焙的基础上对纸张焙干设备进行了创新，对焙干技术进行了改良，创造出了一套新型的书画焙干技术，为夹江书画纸规模化生产开拓了一条新的路子；传统的以嫩竹为原料生产的纸张，抗拉力不足，经过反复实践，许安富用龙须草作主料，生产出了既能体现书画纸传统风格，又具有抗泼墨重彩高强度的“阔八尺”“丈二匹”大幅面书画纸张。

二十多年来，许安富在书画纸制作的道路上，继承发展，改革创新，不断探索前进，制作的书画纸越来越好，作坊生产一年一个新台阶。华艺宣纸厂所生产的“华艺牌”系列宣纸品种规格齐全，特别是近年开发的“长纤维仿古宣”“特净泼墨宣”“特优檀棉宣”等高档书画纸新品种，填补了国内书画纸品种的空白。华艺纸业生产的“华艺牌”系列高档宣纸，质地绵韧、丝路清晰、洁白细嫩，能使笔墨与纸相互依赖、相得益彰。不仅深受国内书画界的喜爱，而且还销往日本、韩国、新加坡及欧美等国家和地区。

2006年“华艺牌”宣纸获乐山市知名商标。2007年华艺宣纸厂成为国家级非物质文化遗产传人培训基地，培训学员100余人。并作为国家级非物质文化遗产展示基地，先后接待国内外前来参观的游客2万余人。

2010年在第25届全国文房四宝艺术博览会上，“华艺牌”书画纸被中国文房四宝协会评为中国十大名纸，获金奖并被授予“国之宝”证书。

2012年，为促进企业上档升级，许安富在华艺宣纸厂的基础上，成立了四川省墨韵书画纸有限公司。当年，公司被四川省政府评为首批“四川省文化重点企业”。

墨韵书画纸有限公司自成立以来，经受了市场经济大潮的洗礼，发展成为一家拥有自主工艺配方、生产三尺、四尺、五尺、六尺、七尺、八尺、一丈二尺及六尺斗方等各种规格尺寸的高级书画用纸，集加工、销售为一体的夹江书画纸制作的龙头产业基地。

如今，许安富与他的墨韵书画纸有限公司，正应用现代化管理体制，向着更高的目标探索迈进，力争成为全国文化产业中具有典型和示范意义的更大的名牌纸文化产业。

陈文祥与西蜀百合斋

在千年纸乡夹江，西蜀百合斋生产的“宣纸水印笺屏”特色笺纸，是一亮丽品牌。产品行销国内各大市场，远销海外。

西蜀百合斋主人陈文祥，1964年生于夹江纸乡。因性喜百合，赏其高洁，故以“百合斋”名室。

陈文祥原是教师，一直酷爱艺术，喜欢书画，博览画集。他见书画创作的用纸非常单一，无非是白色、仿古而已，所以，萌发了创新工艺纸，为书画添彩的灵感，便退职回乡，走上了“以文养文，以艺养艺”的道路。由于他从小喜爱书画，有较高的书画功力和文化品位，研究工艺纸得心应手，很快就研制出新型洒金、洒银、烫金、烫银等多色品种的纸张。然后，他将传统木刻水印用于书画纸制作工艺中，通过木刻水印技艺加印精美图案，创造出多姿多彩的书画笺纸10余种。

陈文祥产品珍贵之处，在于它把中国传统手工纸加工中的优良工艺，同现代化高科技手段几乎完美地结合起来，不但达到了传统工艺无法实现的样式、花色、纸质、色彩和光亮，而且不氧化、不掉色，也不影响纸的吸水和浸润。产品一经上市就深受书画家的喜爱。许多书画界人士争相把百合斋“宣纸水印笺屏”，作为礼品互相赠送，一时竟使“市场笺纸贵”。

当年全国人大常务委员会原委员长李鹏在四川视察工作期间，试用陈文祥的笺纸后非常满意，大加赞誉。

著名美术史论家、南京师范大学博导教授陈传熙赞陈文祥：“能诗能文，擅于书画，高情雅致同于古名士，隐于商而心清雅。”

石福利与欧美“抄纸表演”

夹江竹纸制作技艺，以最完整保持传统造纸工艺，享誉国内外。1982年至1987年，夹江手工造纸技师石福利代表中国，先后4次赴加拿大、美国等国家，现场表演中国传统造纸术，引起了良好的反响。

石福利是幸运的。在纸乡夹江，从事造纸工作，精于抄舀纸张的青年人何止几百上千，而独石福利能走出夹江，代表中国到国外进行表演，这与他的出身和经历分不开。

石福利出身于造纸世家，祖上从事造纸已有几百年历史，推算起来，石福利是第9代传人。石福利中学毕业后就开始从事抄纸工作，1959年被推荐到四川省轻工厅重庆造纸研究所学习纸浆制作工艺。两年后毕业回到夹江，成为家乡出类拔萃的既会造纸实践，又懂造纸理论的纸业精英。

1982年至1987年，石福利4次随中国古代传统艺术代表团到美国芝加哥、西雅图、亚特兰大、达拉斯4个大城市作造纸术表演。

此后，石福利的大儿子石志平、二儿子石志敏、三儿子石志伟也先后到美国的芝加哥，欧洲的瑞士、英国、德国、比利时等国家进行传统的中国手工造纸技艺表演。

夹江手工造纸精湛的技艺，令西方人倾倒、惊叹。西方新闻媒体在显著的版面载文称赞“中国是个了不起的国家”。美国《芝加哥论坛报》在一篇报道中说：“中国人为发明造纸所做的伟大探索，可以同美国人把人送到月球上相提并论。”西雅图《晨报》在题为《中国艺术家的生动表演》一文中说：“通过艺术家的表演，将造纸术、印刷术等古代文明技术的成就，活生生地展示出来，中国艺术家使千年的文明再现，它展示出这些发明对人类的推动作用及其在历史上的地位。”

夹江手工造纸技师的精湛表演，使更多的外国朋友了解了中国古老的文明，认识了当今的中国对古代文化的继承和发扬，为祖国赢得了极大的荣誉。

“窥一斑而知全豹”。夹江改革开放大潮中涌现出的精英太多太多，多如繁星，闪亮光辉。诸如：荣获首届中国文房四宝“字画装裱艺术大师”称号的彭长贵、荣获第二届中国文房四宝“字画艺术大师”称号的张志康、斩获金奖荣誉称号的“子清”牌书画纸的石利平及“乐艺”牌书画纸名牌的众多造纸精英们，他们的事迹虽未一一列举，但他们对夹江纸乡的贡献，他们坚韧不拔的奋进精神，一样光彩夺目，永载千年纸乡夹江的光辉史册。

结束语

人类社会是不断发展的。在人类社会不断发展的进程中，人类的每一代人都不是简单地重复前一代人的活动，而是在继承前一代人的劳动成果，知识成果，一切文明成果的基础上，进行新的创造活动，从而使人类改造自然的能力不断提高，使社会生活、社会关系不断丰富和发展。

夹江纸业的发展何尝不是如此！千百年来，夹江纸农及纸业从业人员，在一代一代传承中，用自己的聪明才智，用自己的创造性劳动，让古老的手工造纸技艺不断丰富和发展，使独具特色的竹纸品质不断提升和优化。

江山代有才人出。长江后浪推前浪。

中华人民共和国成立后，特别是改革开放以来，夹江年轻一代纸业精英们，顺应时代发展，勇立改革大潮，创新造纸理念，让世世代代传承下来的造纸业焕发了青春活力，使夹江传承千年的手工竹纸百尺竿头更进一步，无论产量和质量都在全国名列前茅，占据了举足轻重的地位。

数风流人物还看今朝。

今天的夹江，人才辈出，群英荟萃；

今天的夹江纸业，蓬勃发展，欣欣向荣；

今天，已走向全国，走向世界的“中国书画纸之乡”夹江，明天一定会焕发出更加勃勃的生机，绽放出更加绚丽的光彩。

后记

夹江，历史悠久，灿烂辉煌；夹江纸业，厚载千秋，璀璨夺目。延绵千年的夹江纸业史，纸文化，内容广博而深厚，要想把它说清楚、讲透彻，的确不是一件容易的事情。

作为一本通俗读物，我尽力以自己最美好的心灵，运用最美好的语言，展现家乡最美好的纸业发展史，最厚重的纸文化。

我尽力了！我尽力大写了家乡千年纸业的荣光！我尽力亮丽了家乡千年纸史的精彩！我尽力讴歌了家乡千年纸文化的辉煌！

夹江千年纸业的历史长河，波澜壮阔，有起有伏。

限于本书主题的定位，限于个人的视野，我没有致力于对夹江纸业千百年来的起伏、荣衰进行全方位的课题研究。事实上，在有限的篇幅内，也很难顾及方方面面，满足不同层面读者的需要。

作为一本传递正能量的宣传书籍，我尽力特写了高潮，突显了巅峰，少许点击低谷，更未穷究不足。

有鉴于此，当我在电脑键盘上敲击完书稿的最后一个句号时，我脑子里写作的弦还绷得紧紧的，没有松弛下来，更没有丝毫成功的喜悦。

一般而言，写出一部作品并不难，难的是写出一部大家都公认的好作品，好的精神文化产品。一部作品的最终完成，作品的艺术价值的最终实现，不是书稿最后的一个句号定谳的，而是在广大读者的审阅、审视、审评中最终实现的。一个家乡儿女奉献给父老乡亲、亲朋好友的作品，是否能经受住众多亲人的检视，是否能得到大家的认可，我心惶恐，忐忑不安。

我唯留一丝欣慰！

不管书稿怎样，我毕竟把大量的来自志书的、现有文稿中的、网络中能查阅到的，以及个人生活中积累的有关夹江手工造纸素材，饱蘸自己一腔心血，融会自己独有情感，通过以点带面，以面亮点的写作手法，在突出重点，亮丽辉煌中，对夹江纸业史作了较为系统的介绍，向家乡奉献上了一份厚礼，敬献上了一片爱心，表达了家乡儿女对故土的一腔自豪情怀。

我当然不敢把自己的作品归就于个人的努力。

俗话说：众人是智慧的摇篮，集体是力量的源泉。

如本书《自序》所说，“我县的不少老领导，我的不少老师，我的一些朋友，对夹江纸业已有很多深入的研究和探讨，出了大量的成果。”这些成果是我写作的原始的依据、依托、依靠。没有他们，没有他们的成果，我不敢提笔，无从提笔，更不敢奢谈创作。谨再次向大家表达敬意！再致诚挚谢意！

在我写作的过程中，不少亲朋好友向我提供了热情的帮助，鼎力的支持。没有众多亲人的帮助、支持，没有大家提供的大量资料、素材、信息……我将一事无成，更不敢奢望能把书公开出版。

我衷心感谢我在乐山市委宣传部时的同事，夹江县人大常务委员会主任张晋锐、原夹江县政协主席宋秀莲及中共夹江县委常委、宣传部长蔡东给予的热情鼓励，鼎力相助；我衷心感谢我的表兄，原县人大副主任韩大和不遗余力地为我收集资料，推荐介绍能给我提供帮助的乡亲；我衷心感谢我的乡友杨志宏，儿时的同窗学长张家祥及其儿子张瑜，为我四处奔波，找寻材料，提供素材；我衷心感谢乡贤江文远，慷慨提供自己创作或参与写作的书籍、文稿，供我写作参考；我衷心感谢夹江书画纸同业商会的郎永川，不吝提供商会有关夹江纸业的情资，给我有力的支持；我衷心感谢夹江县文化馆曾冬梅，在县人大及电视台同事的帮助下，不辞劳苦，带领我去四川夹江手工造纸博物馆和大千纸坊参观，一路为我介绍详情……

我深知，大家这样做，是对我的关心、支持、厚爱。

我清楚，大家这样做，是希望我能拿出一本值得一看，看后能增进对夹江的认知，能增强对家乡自豪情怀的书来。我唯恐有负大家的殷切期待。

我自知，我不是一个专业作者。虽然写了不少文章，也出过少许书，但最多只是一个文学爱好者。即便是已经公开出版的书籍，文字的锤炼功夫还欠火候，离严格意义上的文学作品还有差距。

我坦言，写作是我精神上的一种寄托，写《大特写：千年纸乡》是我对家乡的深情寄怀。有这种精神寄托，有对家乡的深情寄怀，我退休的生活才不感寂寞，我人生的最后驿站才不觉空虚。

“人生易老时光催，无须悲秋叹黄昏；桑榆为霞当奋蹄，笑拥夕阳咏平生。”这是我的七十抒怀，也是《大特写：千年纸乡》动笔前萌动的一首诗，算是写作的一股动力，一种情趣。

动力一般，情趣简单，但愿《大特写：千年纸乡》一书能超越自我，为人喜欢。

参考文献

〔1〕翦伯赞：《中国史纲要》，北京：人民出版社，1979年

〔2〕中国共产党党史研究室著、胡绳主编：《中国共产党的七十年》，北京：中共党史出版社，1991年

〔3〕（美）谭中：《简明中国文明史》，北京：新世界出版社，2017年

〔4〕四川省夹江县编史修志委员会：《夹江县志》，四川人民出版社，1989年

〔5〕宋秀莲、张致忠：《中国书画纸之乡——夹江》，人民日报出版社，2006年

〔6〕宋秀莲：《千年纸乡夹江》，中国文史出版社，2013年

〔7〕张一平：《夹江竹纸制作技艺》，中国文史出版社，2015年

〔8〕张致忠：《濡水文萃》，中国文史出版社，2015年

〔9〕（德）艾约博：《以竹为生——一个四川手工造纸村的20世纪社会史》，江苏人民出版社，2016年

〔10〕夹江县地方志编纂委员会：《夹江县志》，夹江川乐夹新出内（2012）字第4号，2012年

〔11〕廖泰灵：《漫话夹江纸》，乐山川乐夹新出内（2011）字第9号，2011年

〔12〕夹江县文体广播旅游局：《蜀纸之乡——国家级非物质文化遗产介绍》，乐山乐内第（2006）195号，2006年

〔13〕李大成：《夹江县志》，清康熙二十四年修纂

〔14〕中国人民政治协商会议四川省夹江县委员会：《夹江文史资料》第七辑，2002年；第十辑，2015年

〔15〕张一平：《夹江故事——夹江文史掌故与传说》，夹江县文体广播影视新闻出版局、夹江县文物管理所内部资料